golden rule of wearing suits

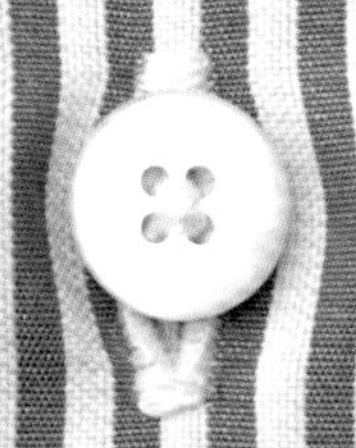

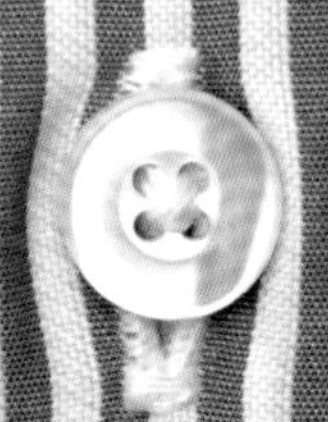

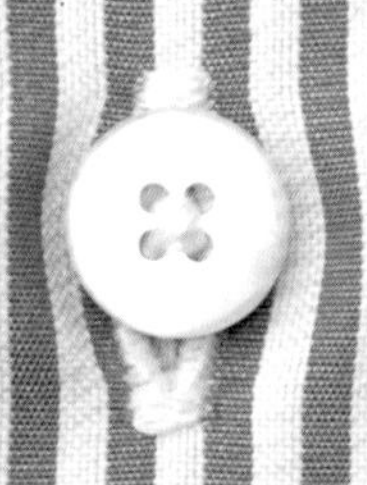

golden rule of wearing suits

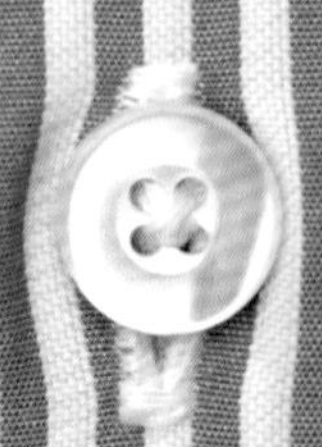

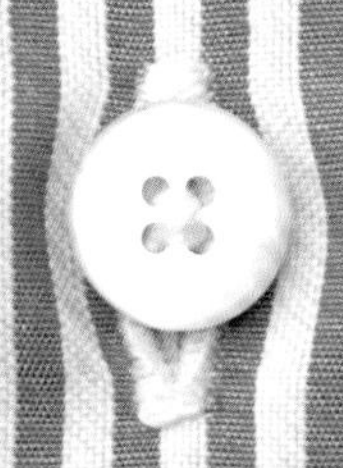

golden rule of wearing suits

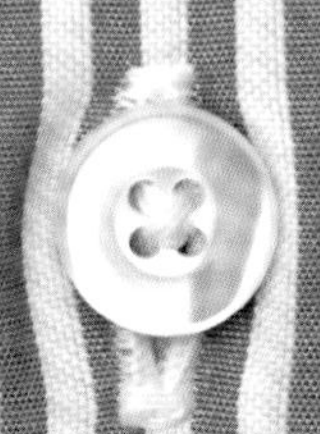

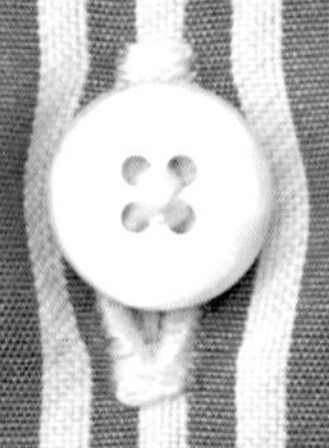

golden rule of wearing suits

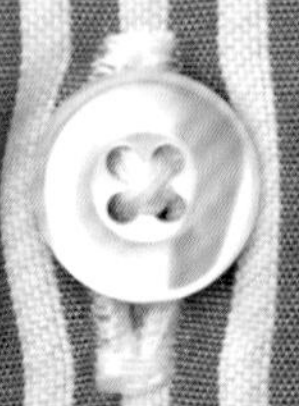

森岡 弘

在此向您介紹，適時得體的西服穿搭黃金法則。

森岡 弘

Morioka Hiroshi

一九五八年出生於大阪。早稻田大學教育學部畢業。以時尚總監＆造型師的身分活躍於時尚界。曾任職於出版社男性流行雜誌的時尚編輯，因此開啟了時尚工作的職涯。一九九六年，為了擴展以時尚為主軸的工作，成立創意工作室「GLOVE」。包含女性流行時尚的範疇，目前工作內容涵蓋了雜誌、廣告（CM、海報、目錄）的時尚總監或造型工作，量身打造的個人造型服務從演員、藝人到政治家皆有。無論是服裝品牌的監製、雜誌的流行顧問、制服的設計（航空公司等），以及出版，流行議題的演講，或是專門學校的客座講師等，活躍的領域十分廣泛。也身兼許多藝文人士、政治家、企業家的形象顧問。

http://www.hiroshimorioka.jp/

http://www.gloveinc.jp/

外表給人的印象，會影響機會的來臨與否。

如果在重要的商務場合，出現穿著皺巴巴服裝或是不合身西裝的男性，你會對這個人留下什麼樣的印象呢？你會願意將重要的金錢或資訊委託給這樣的人嗎？雖然對人們而言，不需言辭加以強調，也會看重對方表現出來的態度，但事實上，卻有相當程度的比重會根據「外觀印象」來評判對方。倘若因為漫不經心的商務形象，進而失去商業機會，是很可惜的事情。

不需要過度的流行和潮流感。

話說回來，實際上應該怎麼穿才好呢？雖然存在著既定的穿著法則，但我認為對此不甚瞭解的人還是很多。事實上，男性的商務服裝風格在漫長的歷史演變中，已經存在著確立的規則，因此遵守這個規則即可。如果能夠「一般地」、「正確地」、「整潔地」穿著西裝，以商務服裝而言就已經成功了。重點是，能夠獲得促進工作往來時最重要的「信賴感」、「來自對方的期待感」與「知性」。彷彿融入個人本身的個性，自然而然詮釋出毫不做作的服裝搭配，就是我心中最理想的商務服裝風格。過度的流行和潮流感則不必要。只重視西裝，或是只在乎領帶，進而創造出「不得體」的流行，是很明顯的失敗作法。

穿上完美尺寸的服裝，是創造良好印象的第一步。

商務服裝最重要的關鍵字，為「合身感」。我確信只要選擇正確尺寸的西裝和襯衫，並且實踐本書介紹的「鐵則」，即可為年輕一輩的男性營造出誠實清爽的形象，而專業人士也能呈現充滿自信和經歷豐富的菁英風格——這些目標都可以輕易實現。

不打領帶、不穿西裝外套的情況也有應對的方法。

西裝的穿著形式或商務服裝風格，皆具有多樣化的特質。因減碳運動而誕生的清涼商務服裝（Cool Biz）正是這樣的典型。依據不同的職業環境，也會有理所當然不打領帶、不穿西裝外套的情況。不管是什麼樣的狀態，都有因應的方式。但是，清涼商務服裝適合怎樣的商業場合呢？仍然是個疑問。這一次，我全面性的規劃了適合商務場合，卻不打領帶、不穿西裝外套的服裝提案，請務必參考看看。

請各位讀者變身成能幹的商務人士。

我想提供給各位讀者的，是藉由穿上西裝這件事，就能夠從普通的大叔、一般的男性，變身成「幹練的商務人士」。

時尚的力量比各位讀者想像的更強大，具有可以簡單提升他人印象層級的能量。帥氣有型的西裝穿搭其實很簡單。接下來，本書將詳盡地介紹這些訣竅。請實際感受來自他人目光的變化。掌握成為商務人士的機會，第一步就從穿著開始！

CONTENTS

no good ?
good ?

GOLDEN RULE OF WEARING SUITS

CHAPTER 8

運用配件的鐵則！

CHAPTER 9

交替穿搭的鐵則！

CHAPTER 10

保養的鐵則！

※本書是以2014年1月發行的《NHKまる得マガジン 看了就能升級的西裝鐵則》的文字（2014年2／3月播放）為基礎，重新撰寫而成。並非使用節目播放時的文稿。

CHAPTER

1

suit

golden rule of wearing suits

選擇西裝的鐵則！

尺寸是西裝的命脈。

你是不是有過買錯西裝的經驗呢？西裝之所以能影響第一印象好壞的因素，說穿了就是「優雅的站立姿態」。正確合身的尺寸能夠良好的貼合身體，這點非常重要。若是具有正確的合身尺寸，就等同是成功的西服風格。那麼，所謂的「完美尺寸」又是怎麼一回事呢？

失敗範例

01

西裝的失敗範例……

選擇大一尺寸的「寬鬆西裝」就糟了！

西裝外套的肩寬若是比實際寬大，會產生縱向的皺褶，呈現邋遢的形象。

過度寬鬆會有損幹練的形象。視覺上也會給人比實際更胖的感覺。

過長的袖長也會呈現邋遢的形象。但是短到穿上西裝外套就看不見襯衫袖子也是NG。

完全遮住臀部的長度，會造成腳看起來很短的視覺效果。

看不見從腰部到大腿的俐落線條。

OOD!

失敗範例
02

過度在意流行，結果選擇「緊身西裝」就糟了！

完美尺寸的標準

FRONT

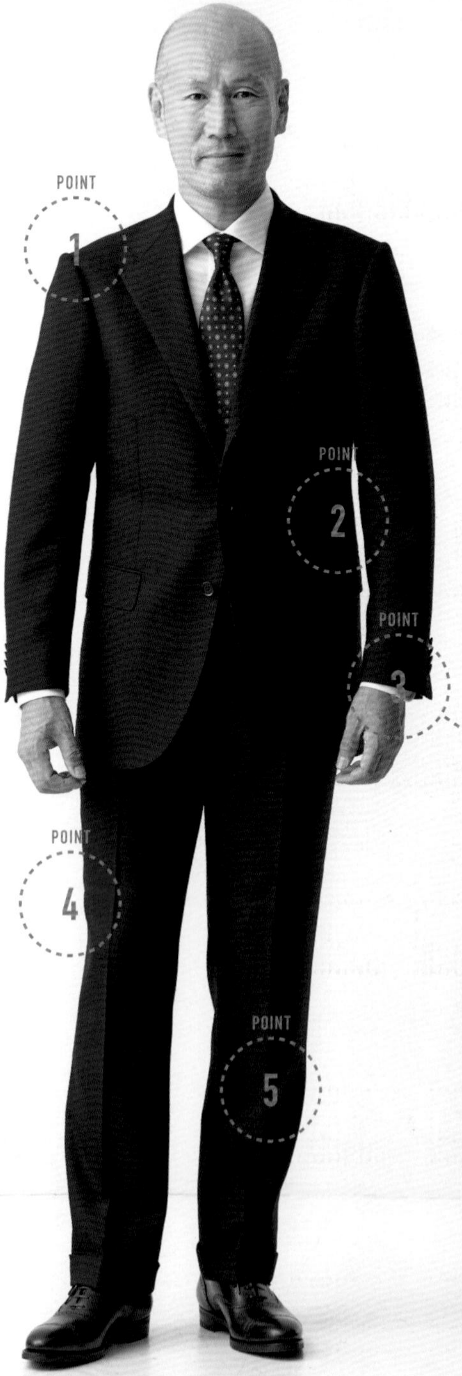

POINT 1

POINT 2

POINT 3

POINT 4

POINT 5

鐵則

REGULATIONS

01

/34

正確尺寸的重點在這裡！

POINT_1

肩線自然地貼合肩膀。

西裝會因為肩線位置，讓整體形象產生很大的變化。符合肩寬的合身線條為主流。亦可以放入墊肩，讓肩線符合實際的肩寬，或稍微往外擴一點點都很適當。

POINT_2

腰身呈現柔和的弧線。

即使扣上鈕釦，也不會產生橫向皺褶的合身感。
若腰身和手臂之間能夠產生空隙，就會顯露出腰部的曲線，呈現幹練的形象。

POINT_3

襯衫袖子要多出西裝外套1.5cm。

以手背的手腕骨突處為基準，「修改」西裝外套的袖長。若襯衫袖子露出外套袖口約1.5cm，會讓整體形象進一步凝集。

POINT_4

大腿部分沒有多餘的寬鬆空間。

大腿褲管的「周長」，標準約為大腿實際尺寸＋10cm左右。

POINT_5

褲管燙線可以筆直落下，就是最適當的正確褲長。

即使西裝褲碰到鞋子也不至於磨蹭的長度，才是適合的正確長度。過長或過短都會給人「不得體」的感覺。

BACK

POINT_1

襯衫後領要露出約1.5cm的程度。

露出西裝外套的襯衫後領，會讓頸部顯得大方俐落。露出的幅度與襯衫袖口相同，看起來會更協調。

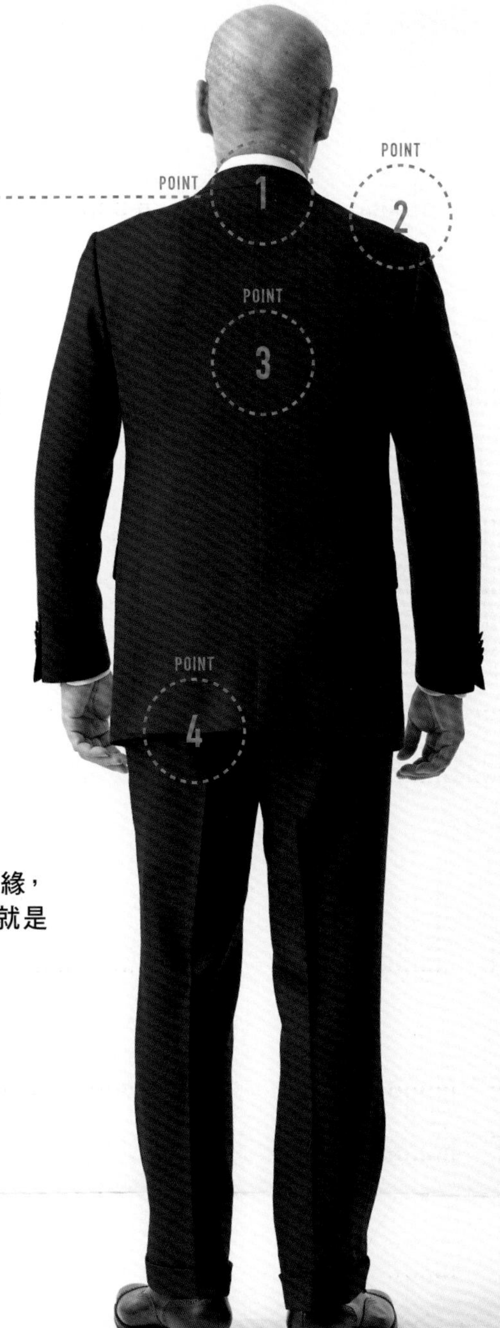

POINT_2

從頸部到肩膀的線條自然地符合身形。

西裝外套如果能夠貼合從頸部到肩膀的弧度，即使襯衫後領較鬆的狀況，也不會產生皺褶。

POINT_3

貼合背部的弧度。

若能貼合背部，那麼肩胛骨的部分就不會產生多餘的皺褶。

POINT_4

將衣襬控制在臀部下緣，保持隱約遮住臀部，就是最理想的衣長。

手臂下垂，手指自然彎曲的時候，外套下襬恰好與手掌齊平的程度，就是最適合的正確長度。時下流行的過短衣長讓人感覺不夠穩重，不適合商務場合。

鐵則

REGULATIONS

02

/34

避免「寬鬆的尺寸」，選擇「合身的尺寸」！

對男性來說，西裝是商務工具之一，大約是「穿上俐落得體的西裝也是工作內容之一」這樣的概念。為了讓自己可以更加挺拔地穿著西裝，掌握自己的體型和尺寸就相形重要。

身材嬌小的人為了讓體型看起來高大一點，或是中廣身材的人為了讓腹部不那麼顯眼，這兩種身材的男性經常會選擇較大尺寸的西裝，事實上卻適得其反。如果選擇符合身形的西裝，身材嬌小的人會呈現精明幹練的形象，中廣身材的人也能呈現俐落有型的身形，這才是「正確西裝」的效用。

相較於女性，一般男性大多對自己的體型變化毫不在意。雖然幾年前曾經測量過尺寸，但是倘若過度依賴這個尺寸，就會成為選錯西裝的原因。因此在試穿之前，一定要重新測量尺寸，確實掌握自己的身形！以日本品牌而言，基本上尺寸的訂定都是以ＪＩＳ規格為準則，若是熟記起來，選購西裝會很方便。

尺寸表（胸圍／腰圍　單位cm）

身高‧號數	YA體	A體	AB體	BE體
160(3號)	86/72	88/76	92/82	94/90
165(4號)	88/74	90/78	94/84	96/92
170(5號)	90/76	92/80	96/86	98/94
175(6號)	92/78	94/82	98/88	100/96
180(7號)	94/80	96/84	100/90	102/98
185(8號)	96/82	98/86	102/92	104/100
	稍微纖瘦型	標準型	稍微寬鬆型	寬鬆型

以JIS規格為基準的尺寸表

鐵則 REGULATIONS 03 /34

選擇「3釦式翻領外套」或「2釦式外套」！

以「3釦式翻領外套」（左圖）來說，最上面的鈕釦和釦眼皆屬於裝飾性質，只有第2顆鈕釦是實際使用的釦子。而現今西裝的主流款式，即為「3釦式翻領外套」或是「2釦式外套」（下圖）的西裝。不管哪一種款式都具有V領區對稱平衡，俐落美觀的特色。

❶ **Collar（上領）**
反褶領的上方部分。

❷ **Shoulder**
肩膀的肩線。決定上半身輪廓的重要位置。若是布料較薄的商務西裝，必須加縫墊肩。

❸ **Lapel（下領）**
翻領，亦即下方的領子。這個部分的寬度和上領（Collar）的組合變化，會呈現出不同的西裝樣貌。

❹ **Gorge Line**
領圈線。上領（Collar）和下領（Lapel）接縫的部分。近年來的趨勢，是以領圈線高一點的款式為主流。

❺ **Arm Hole**
袖襱。連接袖子和身片的孔洞。這個部位盡量避免過度寬鬆。

❻ **Front Dart**
胸褶。在前身片作出垂直方向的縫褶，藉此抓出腰身的輪廓。

西裝外套各部位的名稱

❼ **Vent**
開衩。在背片的下襬部分作出開衩。

鐵則 04

REGULATIONS

/34

選擇標準領就不會錯！

開衩的類型

雖然沒有開衩是最正式的款式，但是就商務西服而言，無論側邊雙開衩或是中央單衩的款式都沒有問題。

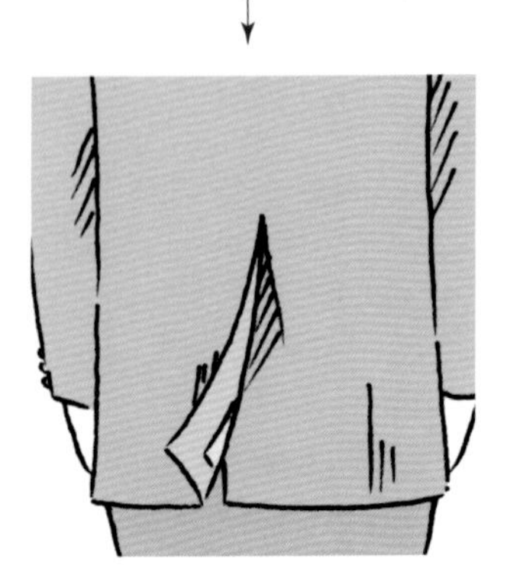

中央單衩

在背片中央作出一道開衩的款式。

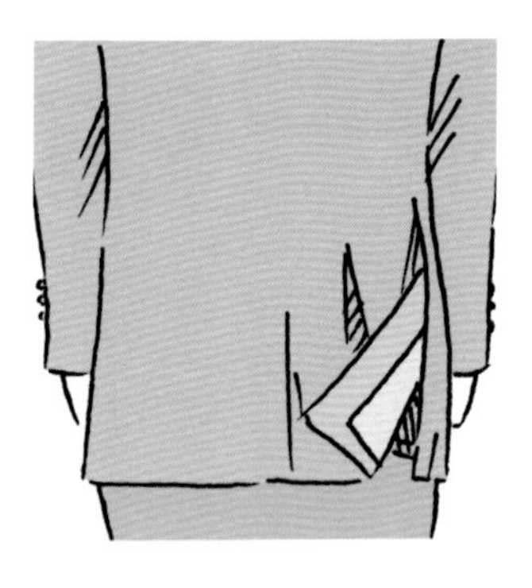

側邊雙開衩（Side Vents）

在背片的左右兩邊，各作出一道開衩的款式。

領片的類型

以下領來說，主要有兩種。基本上選擇標準領（方角領Notched Lapel）就不會出錯。

標準領

菱形的下領。單排釦西裝外套的經典款式。

劍領

下領尖端朝上的款式。雙排釦西裝外套大多使用這種款式的領子。

水平測量領片尖端到領子反摺處的長度，大約落在8.5～9cm左右為基本長度。

鐵則 05

REGULATIONS

/34

深藍和灰色是「萬能色」!

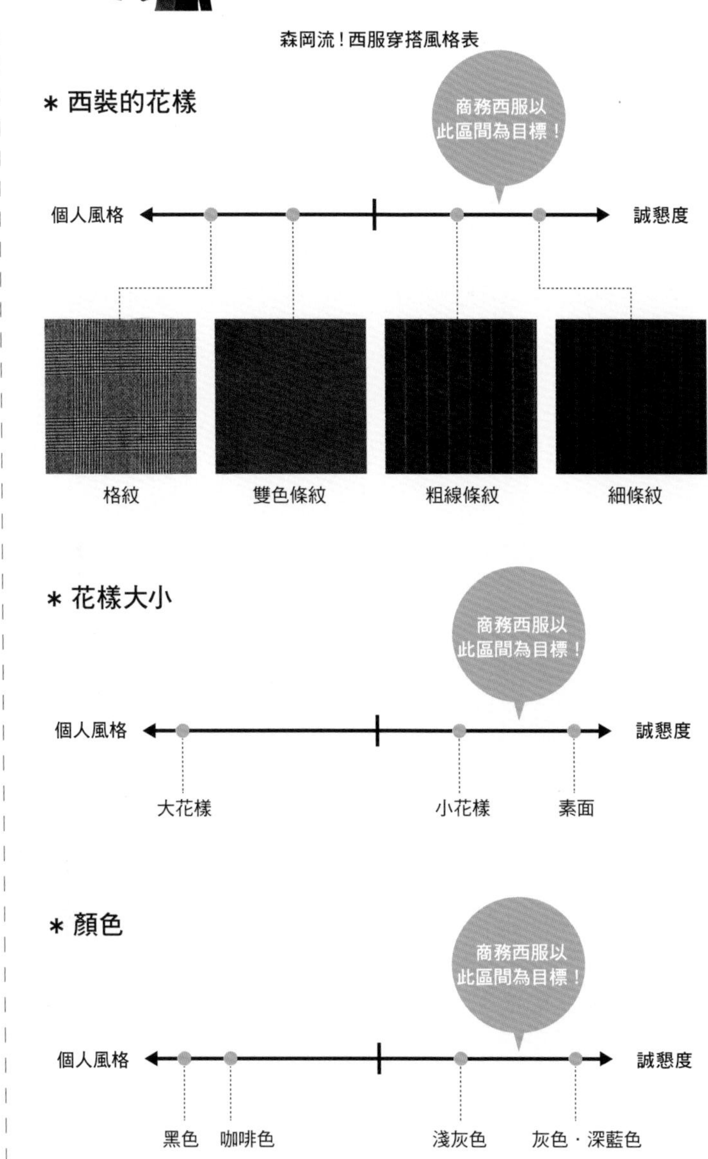

想要各種場合都通用的商務西服,就選擇深藍色或灰色的素面西裝,或是低調一點的條紋款西裝。特別是深藍色西裝具有「工作可靠的男人」形象,這點請務必善加利用。如果是素面或低調的條紋款西裝,搭配時就不需要太高段的技巧。

至於條紋西裝,線條細一點、間隔窄一點的款式比較適合商務用。深藍底色搭配灰色或天藍色條紋之類,都是既能夠襯托底色,又不會過於醒目的得體配色,就商務西服而言是無可非議的組合。

鐵則

REGULATIONS

06

/34

西裝褲的選擇根據是「臀圍」！

選購前的必備知識，「以臀圍為基準」與「修改」的奧義。

根據時代潮流的演變，西裝褲的版型多少也有變化。但是，以基本的版型和款式而言，根據「臀圍」選擇就不會出錯。

試穿西裝褲的時候，以臀圍為基準再去調整腰圍，就能打造出流暢合身的輪廓。舉例來說，有小腹的人如果配合臀圍的尺寸選擇西裝褲，再調整腰圍，就能完美地修飾身型。壯碩的運動體型，也就是臀圍較大、大腿較粗的人，配合臀圍選擇西裝褲，腰部就會很合身。

下圖是西裝褲反面的背面模樣，可以清楚看到，從腰圍到褲襠底部的臀線部分留有縫份，一般來說，大概是±3cm左右的可「修改」範圍。

購買西裝褲的時候，還有一個建議。不少人的左右腳，實際長度具有微妙的差異，修改時務必分別測量適合兩隻腳的恰當長度。理想的情況是「穿上平常搭配西裝的鞋子，繫上自己的皮帶」，再進行修改的測量。西裝褲褲腳有反摺雙層或不反摺的單層款式，根據各人喜好選擇即可，比較講究的是不反摺款。我個人則是推薦具有厚重感的反摺褲腳。

完美尺寸的標準

POINT_1

褶線和口袋都要保持貼合。

西裝褲要不要打褶都無所謂，根據喜好決定即可，但是若褶線和口袋呈開口狀，就是西裝褲過緊的證據。

POINT_2

適當貼合臀部弧度的合身感。

試穿西裝褲的時候，最重要的就是臀部的合身感。此外也要確認臀部下方的寬鬆程度。若是太過寬鬆，就會呈現邋遢的形象。

POINT_3

褲管長度以褲腳能產生く字凹痕為目前主流。

讓褲腳稍微碰到鞋面，產生一點點的彎曲。這就是目前的主流標準「く字凹痕（Half Cushion）」。褲管過長，看起來會很邋遢，過短則會呈現出強烈的自我主張感。

❶ 褲腰

可以不使用皮帶的合身尺寸最理想。大約是實際尺寸＋3～4cm。

❷ 褲襠

如果褲襠過長，上半身和下半身的比例會很不協調。

❸ 腿圍

不過粗，不過細，約實際尺寸＋10cm為標準。

❹ 褲腳寬度

以20cm為基準±1cm。褲管中線可以從膝蓋順暢地垂直落下，即為理想狀態。

❺ 褲腳

根據個人喜好，反摺或不反摺的款式都可以。反摺高度的標準為4～4.5cm。

column

在商務場合，不存在「黑色」這樣的顏色。

在歐美國家，黑色西裝是出席正式場合的服裝。

然而在日本的商店裡，經常可以看到「婚喪喜慶也很方便使用。」這樣的句子來形容黑色西裝。實際上，黑色西裝在年輕世代的穿著率極高，正是現在的狀況。如今雖然無法一概而論的說黑色西裝違反禮節，但是，由於現今在商務場合接觸外國人的機會大幅增加，因此在取得信賴的第一階段，最好可以避免穿著黑色西裝。將黑色視為商務西裝規範外的特例，至少要抱有這樣的概念。無論如何都想穿著黑色西裝的人，請考慮場合再來選擇穿著吧！

瞭解花樣特性的區隔「工作的顏色&花樣」、「假日的顏色&花樣」。

談到昔日的男性時尚，無論是顏色還是花樣，都會具有「都會風（工作）的顏色&花樣」、「鄉村風（假日）的顏色&花樣」這樣明快的區別。適合商務場合的，當然是都會（工作）的顏色&花樣，代表的顏色是深藍色與灰色，花樣則是條紋。另一方面，歸類為適合休閒用的鄉村（假日）顏色&花樣，則是咖啡色和綠色，花樣則是格紋。因此，不妨將商務西裝的顏色限定為深藍色、灰色。第一套西裝選擇條紋和人字紋等織紋，布料則是汎用性高的素面最適合。第二套和第三套西裝，再選擇不會過度顯眼的條紋款，增加搭配上的變化。

若是優先考慮「輕鬆穿著」的原則，就無法避免選錯西裝。

西裝的合身尺寸和穿著的舒適度不一定成正比。西裝，是一種追求視覺效果等同女性調整型內衣的服裝。在他人眼中呈現端正形象的西裝，穿起來的舒適度不一定輕鬆舒適。

特別是現今流行的款式，西裝的版型變得更加合身——修飾身體的線條，彷彿整個身體都被包覆起來的感覺，這才是正確的尺寸感。在不輕鬆的前提下，那就從中選出「穿著舒適度」稍微好一點的吧！這一點在選擇款式時亦然，P.13介紹的「3釦式翻領外套」或「2釦式外套」，都是可以展現出誠懇度，確保提升好感形象的中庸款。

森岡流！西服穿搭風格表

＊西裝款式

商務西服以此區間為目標！

自我風格 ← → 誠懇度

雙排釦西裝外套　3釦式翻領外套　2釦式外套

CHAPTER

2

shirt

golden rule of wearing suits

襯衫的鐵則！

注意領子的形狀和顏色。

襯衫是表現整潔感和信賴感的重要單品。現在的主流領型是「寬角系列」，其中特別推薦「半寬角領（Semi Wide Spread Collar）」，理由則是可以將領帶結完美地收在領子之間。就西裝風格而言，如何打造完美度高的胸襟處（＝V領區），正是最重要的課題之一。

失敗範例

01

襯衫的失敗範例……

NG POINT_1

袖襱太大
導致袖子過寬

過大的袖襱會率先呈現出「隨興感」的邋遢形象。穿上西裝外套的時候，也會將襯衫的脇邊往上拉扯。

NG POINT_3

後領的高度
過低

將衣領中段的後領處（領台），視為領子的「高度」來思考吧！若是太低，從西裝外套的後領看不到襯衫，太高也NG，最適當的高度約為4cm。

NG POINT_4

襯衫在腰圍處
產生膨膨感

以最近的潮流來說，襯衫的版型也變得更加合身。尺寸感正確的襯衫，會適度地修飾身體輪廓，腰部也不會擠皺在一起。

NG POINT_2

袖長過長

襯衫要根據領圍和袖長挑選。袖長取至手腕關節與大拇指虎口的中間位置，就是最適當的長度。過長的袖子看起來邋遢，但是，過短的袖子穿上西裝外套之後看不到，也是NG。

失敗範例

02

NO G

NG POINT_6

透出作為內衣的T恤

在白襯衫裡面穿上內衣的時候，應該選擇不會透色的淺褐色內衣。款式則是不會破壞線條的無縫內衣最為理想。

NG POINT_5

襯衫領圍露出多餘空隙

不服貼頸部的領圍，會讓西裝整體呈現出鬆垮邋遢的形象。適當合身的尺寸，大約是襯衫和頸部之間可以插進一隻手指的空隙。

失敗範例

04

NG POINT_8

沒有拆掉備用的袖釦

大部分的日本品牌襯衫，通常是作成「可調式袖口（Adjustable Cuffs）」的款式。雖然附上可以調整袖口尺寸的2顆鈕釦，但最好還是將不需要的那顆鈕釦拆掉再穿上。

失敗範例

03

NG POINT_7

顯眼浮誇的雙層反摺袖口與袖釦

反摺的雙層袖口（Cuff）雖然沒有違反西裝的穿著規則，但是，對於年輕世代來說，是一種浮誇得引人矚目的設計款式。但是40歲以上的熟年世代就正好適合。

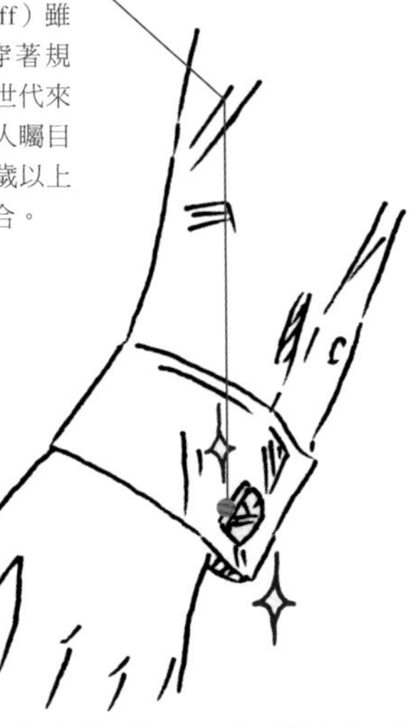

鐵則

REGULATIONS

07

/34

衣領的形狀推薦「寬角款式」！

認識基本的襯衫領型

標準領
Regular Collar

領子之間的角度約75度到90度左右，屬於標準的開口。雖然是正式的襯衫款式，但由於和西裝外套的V領區之間會產生微妙的空隙，反而難以呈現頸部的立體感。

半寬角領
Semi Wide Spread Collar

領子之間的角度約90度到120度左右。既是適合任何人的正統領型，又很容易完美地收攏在西裝外套裡。最初開始購買時選用半寬角領，就不容易出錯。

寬角領
Wide Spread Collar

領子之間的角度大約在120度左右，更寬一點的款式也有開到180度左右。這種領型的頸部立體感是否完美，取決於領子尖端的寬度、領帶結種類與打法的擅長與否。

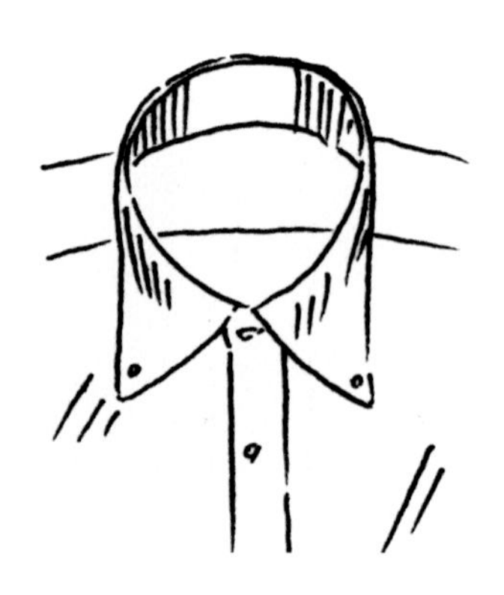

鈕釦領
Button-down Collar

這款領型有著源自「網球」與「馬球競技」等運動需求的歷史背景，屬於休閒青年的領型。不適合重要會議等具有服裝規定要求的商務場合。

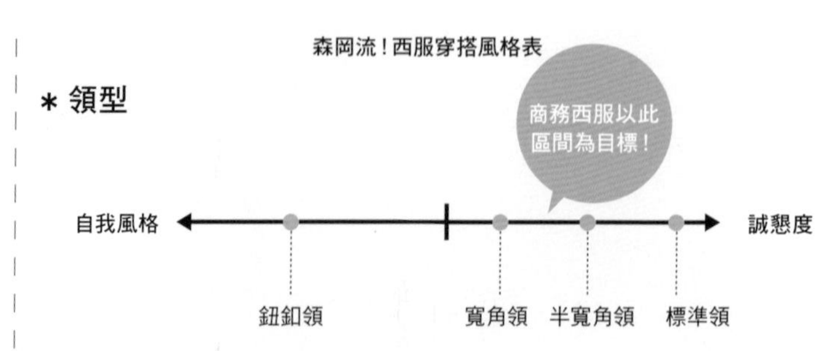

襯衫各部位的名稱

❶ 領臺

支撐襯衫領子，作為基底的部分，亦稱為領座。適當的領臺高度（約4cm），可以從西裝外套看到露出約1.5cm的襯衫後領，這在視覺上會顯得更加服貼頸部，呈現高級精緻的感覺。

❷ 領子

襯衫的領子。整體形象會因為領子角度的寬窄是否適當，或是不同領型的選擇而有所變化。

❸ 袖襱

衣身接縫袖子交界處，正如其英文名稱Armhole，就是穿過手臂的洞。選擇袖襱較高、不要太寬的款式就不容易皺在一起，看起來更俐落整齊。

❹ 門襟

位於左前身片，開釦眼的部分。

❺ 袖口

分成一般的「單層袖口」以及反摺固定的「雙層袖口」兩種款式。可以藉由改變袖口鈕釦的位置，微調袖長。

請特別留意頸圍的尺寸

挑選襯衫最重要的重點，即為「頸圍尺寸」。恰當的完美尺寸，是襯衫和頸部之間保留約1根手指的空間。雖然有人認為「襯衫洗過之後會縮水」，但是，最近的襯衫並不至於會縮水到產生巨大落差。如果頸部呈現出鬆垮的邋遢感，以領子為基礎搭配的整體造型也就白費功夫了。襯衫的代表性布料為「精棉布（Broadcloth）」，材質薄透具有光澤感，滑順的膚觸提供良好的舒適度。大多數的鈕釦領襯衫，則是使用休閒感較重的厚布料，或織紋分明的牛津布製作而成，比起西裝，更適合夾克類型的穿搭。最近，織紋細密、透氣性良好的鹿子織也被當成全年通用的襯衫材質。

鐵則 REGULATIONS 08 /34

推薦顏色為白色或天藍色。花樣則以細條紋為限！

白色和天藍色的襯衫是「基本中的基本」。

以商務西服而言，沒有什麼比整潔感和信賴感更為重要，因此選擇白色和天藍色作為襯衫的基本色。無論是哪一色，都能搭配深藍色或灰色的西裝外套。

條紋細一點、間隔也窄一點的布料花樣，歸類為偏向正式的襯衫款式。如同P. 25最上面的條紋，由於遠距離看起來像素色，搭配西

白色

WHITE

裝也完全不成問題。相反的，最下方使用雙色且顏色分明的條紋，就會呈現休閒的印象。至於在素色或條紋襯衫加上白色領子的「白領襯衫（Collar separated shirts）」，原本是古時修道僧侶為了容易髒污的領子所誕生的可拆式設計。雖然很多人對此有所誤解，但是，出席正式場合的襯衫裡絕對不會出現這種款式。

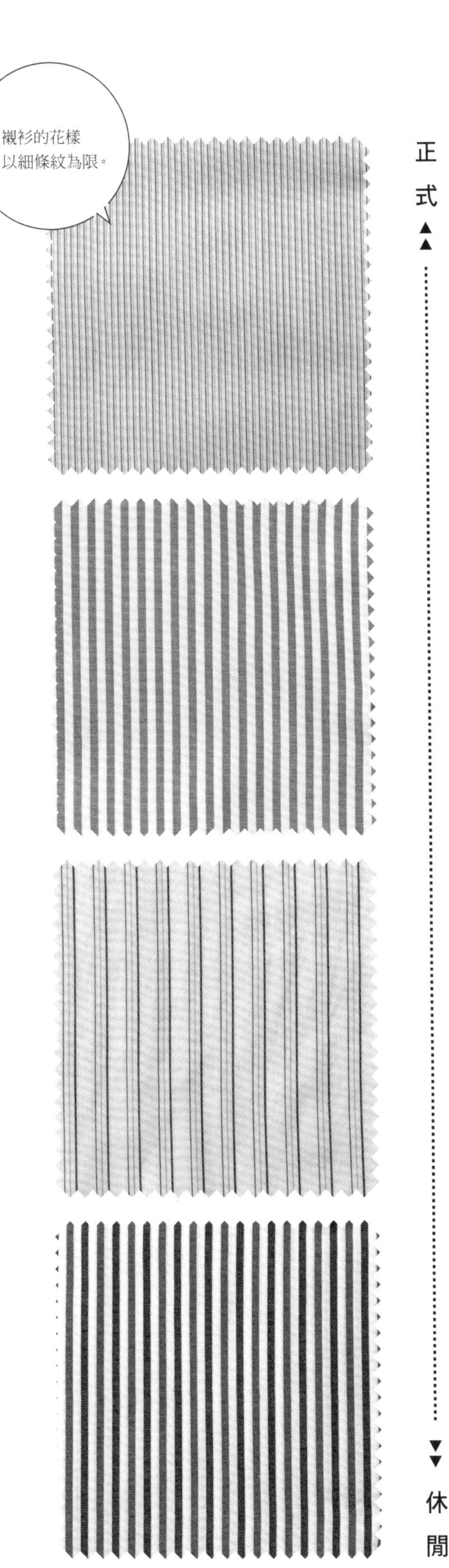

天藍色

SAX BLUE

column

建議穿上不透色的貼身內衣

在紳士服的歷史中，具有「襯衫等同內衣」的概念。因此，本來就不需要在襯衫裡穿上貼身內衣，但是，對於夏季炎熱高濕的日本或亞洲，汗水會讓肌膚貼在襯衫上，變得不美觀。再者，汗水也是造成襯衫染色的原因，因此，貼身內衣也就有其必要。然而，不會透色至表面的材質就相形重要。注意要避免會影響V領區平整度的圓領T恤，特別推薦淺褐色的無縫內衣（沒有接縫與縫合處）。

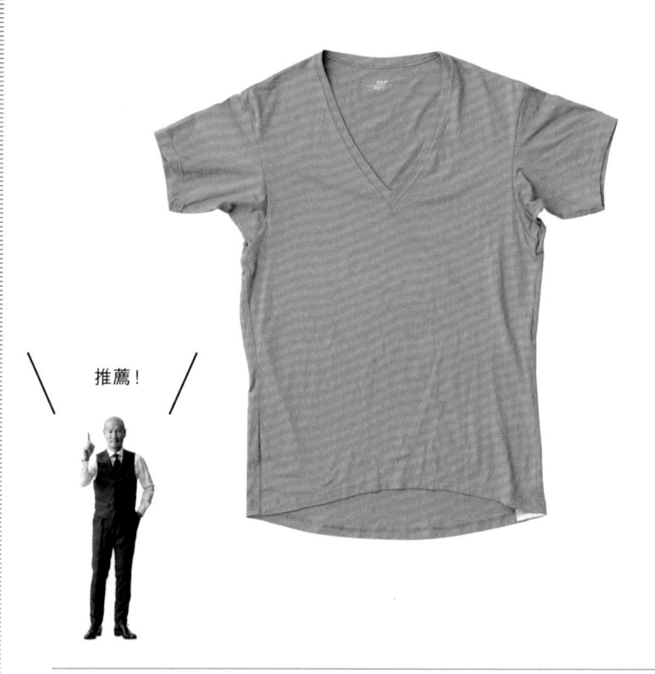

設計感襯衫的陷阱

近幾年，時常可以在商務場合看見穿著使用彩色壓線和彩色鈕釦襯衫的人（參照P. 55）。我認為，這個現象是受到不打領帶的涼感商務服裝所影響。但是，只要是基於商務用的服裝品項，超出必要的設計感，反而會有損服裝所具有的「格調」。至少，設計感襯衫的風格在一眾正式西裝的比較之下，會顯得「廉價」，因此，設計感襯衫還是當成「享受假日的樂趣」，和正式的西裝區隔開來吧！

CHAPTER

3

tie

領帶的鐵則！

瞭解黃金平衡

V領區呈現的風格，也就是進一步決定西裝形象的單品即為領帶。其中可以襯托商務西服的花樣為：素色、小花樣、條紋、點點四個種類。基本的打結法為「平結」，漂亮好看的領帶結，重點在於製作出完美的「酒窩」，以及打結後的「長度」。花俏的紋路或是過細的領帶，並不適合商務西服。

golden rule of wearing suits

失敗範例

01

領帶的失敗範例……

太小的領帶結，會讓頸部呈現薄弱的形象。相對地，臉也會看起來比較大。

符合TPO（時間、地點、場合）的花俏領帶，當成小配件的確具有畫龍點睛的效果。但是以商務西服而言，給人的印象過度強烈，反而會造成輕浮的形象。

領帶的尖端若是垂至皮帶釦環以下，那就太長了。除了看起來邋遢的形象，領帶結也必然會打得很小。

失敗範例

03

NG POINT_6

領帶過細

偶爾會繫的窄版領帶，搭配休閒假日的服裝是無所謂，但是，不適合商務西服。

失敗範例

02

NG POINT_4

酒窩（凹陷處）崩壞

如果打結處沒有形成漂亮的三角形，會呈現出不嚴謹的形象。如果沒有作出漂亮的酒窩，就會離西裝筆挺的形象更遙遠。

NO

NG POINT_5

領帶過短

領帶沒有碰到皮帶的釦環，呈現懸空狀。除了令人感覺很粗心大意之外，腹部也會變得很明顯。

讓領帶「完美呈現」的重點

鐵則 REGULATIONS 09 /34

掌握長度與寬度的平衡！

POINT_1

作出漂亮的酒窩（凹陷處）。

酒窩既可以讓領帶呈現出立體感，也可以打造出時尚的V領區。因此要盡可能留意地作出這個下凹處。但是出席喪葬等場合時，反而要注意，不需要作出這個酒窩。

POINT_2

掌握領帶的正確長度。

最適當的長度，是領帶的菱形尖端介於皮帶釦環下緣至正中間。即使稍微短一點，也要確認至少讓尖端能夠碰到釦環的上緣。

NO GOOD!

若是繫上寬度落差大的寬領帶……

粗細對比會讓領帶結顯得特別小，再搭配半寬角領型的襯衫，又更進一步突顯領帶結的小，呈現不平衡的狀態。之所以會產生「總覺得哪裡怪怪的」的形象，原因即為此。

關於「領帶的形狀」

領帶的形狀是從最粗的地方漸漸變細，具有寬窄變化的差異。「寬度落差大的領帶」指的是最寬處和最窄處相差甚多的領帶形狀。

領片和領帶的寬度其實有著適當的比例規則。

西裝外套領片的寬度和領帶的寬度，適當的比例為「1：1」。目前的主流寬度為8～8.5cm。

將領帶捲繞立起。

使用了一整天的領帶，回家後要馬上解開，放在乾燥的毛巾上，經過一個晚上的陰乾，去除濕氣。接下來若是掛在衣架上，會因為領帶本身的重量往下拉扯，需要特別注意是否變形的問題。最為理想的收納方法，建議是將領帶捲繞成圓形之後，以豎立的方式放進抽屜。如此一來，就無需擔心形狀的崩壞，此外，這種方式也容易看清花色，可以減少早上挑選的時間。

商務西服使用的領帶花樣，以這三種為基本款。

鐵則

REGULATIONS

10

/34

瞭解適合商務風格的領帶花樣！

【 小花樣 】

規則排列的小小圖案，或是不規則但重複排列的花樣。最近也有很多抽象圖案、小花或是影像印花等不同變化的款式。這種款式不太為流行所左右，雖然低調，卻能給人好品味的形象。因此，對於「不顯眼為佳」的商務西服而言，小花樣的領帶是一個不可或缺的選項。理所當然地，隨著圖案愈大、顏色愈多等變化，華麗度也會增加。

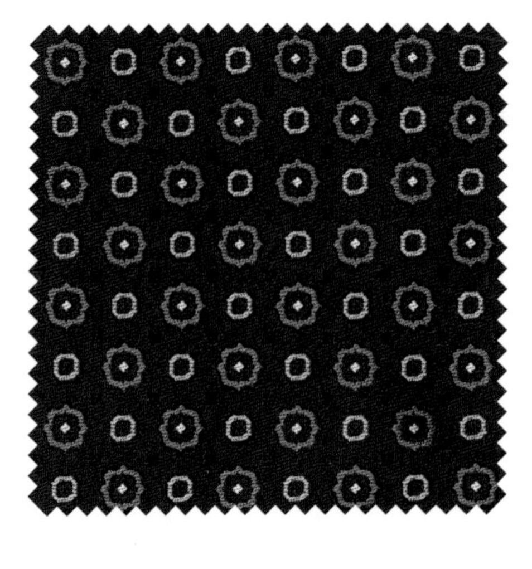

【 條紋 】

源自英國軍隊旗的配色，對於英國軍人來說，以條紋表示所屬身分是由來已久的習慣。因此，包括日本的政治家在內，在外國時都較少繫上條紋領帶。不過一般來說，條紋是正式服裝或休閒服裝都能搭配的百搭花樣。因為具有運動感的形象，非常適用於需要表現出清爽感、誠實感，並且強調個人風格的時候。

【 點點 】

根據圓點圖案的大小，名稱也有所變化，從小到大的名稱依序區分為：針點（Pin Dot）、波爾卡圓點（Polka Dot）、硬幣圓點（Coin Dot）。圓點圖案愈小，正式度愈高，其中的針點更是給人高級細緻的形象。商務服裝最適合的圓點款式，是點之間的間隔約在7～8mm左右。圓點在歐美國家屬於非常受歡迎的款式。特別是在夏季，選擇淺色系的底色就能營造清爽形象。

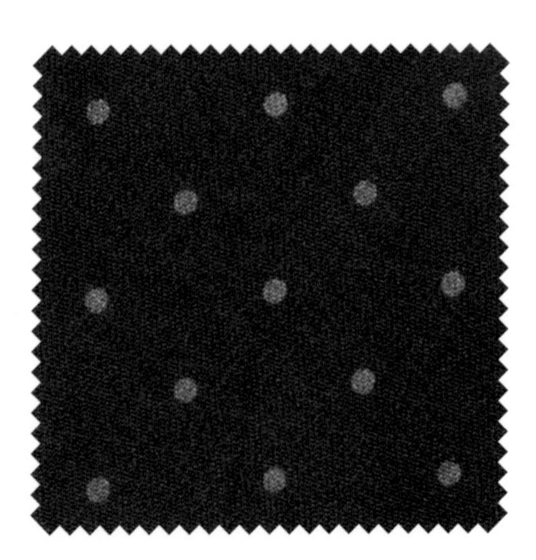

其他代表性花樣

【 格紋 】

歷久彌新的格紋。蘇格蘭格紋（Tartan Check）、馬德拉斯格紋（Madras Check）、單色格紋（Gingham Check）等，深受喜愛的基本款傳統格紋皆有其專屬名稱。基本上，格紋屬於休閒感較重的紋路，因此很適合夾克或假日的服裝搭配。至於商務場合的格紋，比較偏向單色、細緻的葛倫格紋（Glen Check）等。

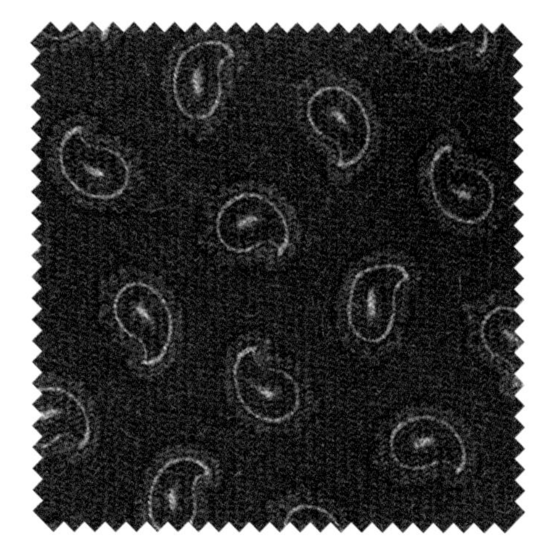

【 變形蟲花樣 】

在蘇格蘭佩斯利（Paisley）地區以披肩花樣而聞名於世，亦有一說是更加久遠以前發祥自印度、巴基斯坦地區。彎曲的水滴狀類似日本的勾玉圖案，多彩纖細的細節為其特色。圖案較大、多色繽紛的款式具有鮮明個性。若選擇小小花樣與間隔較窄的款式，就很方便使用。

領帶具有豐富多樣的款式，根據花樣有無、圖案大小、顏色濃淡，可以大幅影響西裝所呈現的形象。以日本的商務場合來說，小花樣、條紋、點點為基本款。國外的情況則是小花樣或被稱為Solid的單色領帶占有壓倒性的多數。

配色具有難度的領帶，若是搭配不得體，反而會透露出這個人的個性或短處，有著隱藏性的潛在風險。個人推薦素面或小花樣的領帶，理由是任何人都適合，進而給人「這個人，瞭解流行」的形象。如果想要贏得個人基本的好感印象，那麼不管是那一種花樣，請選擇底色深一點的款式。

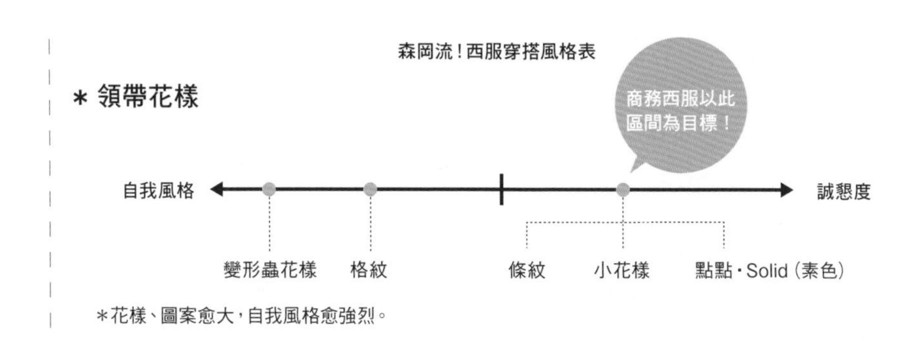

鐵則

REGULATIONS

11

/34

平結的基本打法和心得！

打領帶的重點，分別在於以「適當的長度」打結，以及「作出完美的酒窩」。在此介紹的方法，是從我長年的經驗裡歸納出的心得。一開始可能會覺得有點麻煩，但是，保證可以打出完美的領帶結。首先，是所有領帶結打法中最簡單，並且也是最基本的「平結」。脫下領帶解開後也不會對領帶產生負擔，是這個結最大的特色。不需要打得過緊，則是最近的潮流趨勢。

來練習「漂亮的」平結吧！

1 領帶兩端如圖示重疊，大劍在上，小劍在下。

2 大劍從小劍的下方往左繞一圈。依個人體型調整領帶最終的適當長度，這需要嘗試幾次來進行微調。

以左手手指壓住領帶的重疊處，繼續進行。

3 繞行一圈的大劍，由右下往前穿過喉嚨下方的領圈，再由上往下穿入方才繞出的圈環。

這裡是重點！

4 將右手的食指插入大劍形成的彎摺處下方，左手捏著領結，將打結處調整成三角形，再整理形狀。

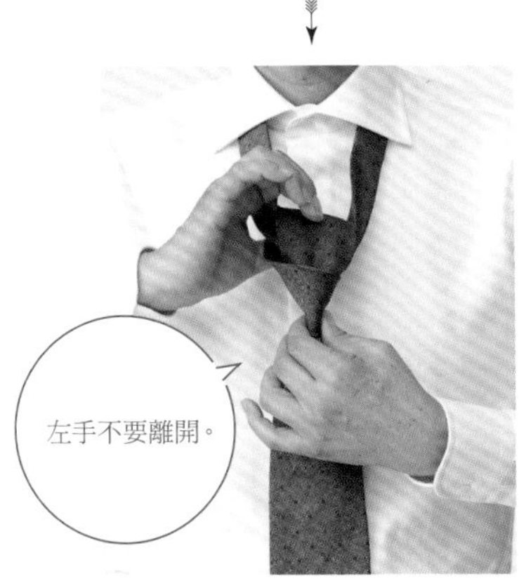

左手不要離開。

5 以左手確實壓住領結處的下方，右手則作出領帶結的酒窩。這個時候，就要先在領結處上方作出酒窩凹槽。

6 將大劍往下拉，整理打結處。接著，一邊往上推著打結處，一邊下拉小劍，將領帶結收在適當的位置。

※大劍⋯領帶寬版那端。小劍⋯領帶窄版那端。

進階打法在這裡！

【 雙環結 】

想要比平結稍微多一點份量的時候，或是領帶稍微長一點的時候，特別推薦這款雙環結（Double Knot）。

領結打法重點

依照平結的步驟（P.35的步驟 2 ），以大劍捲繞兩次，即為雙環結。

【 半溫莎結 】

以領帶結更寬、更有份量的「溫莎結（Windsor Knot）」為基礎，稍微減少一點步驟，作出具有一定厚實感的三角形領帶結打法。是款容易製作出左右均等正三角形的領帶打法。

領結打法重點

從P.35的步驟1開始，大劍往小劍後方繞回正面後，由外側上方穿入領帶圈內，往左下掛在交疊處上方的大劍本身上。接下來是再繞一圈同P.35步驟2，後續打法則是同平結。

CHAPTER

4

color

golden rule of wearing suits

配色的鐵則！

瞭解配色的基本概念

包括領帶的選擇，顏色的組合搭配會決定給人的第一印象。以商務西服的風格來說，出人意外的配色或過度的時髦感並非必要。深藍色的西裝搭配「深藍底色的領帶」，或是灰色西裝搭配「深藍色系、咖啡色系以外，亦可選擇包含粉紅至紫色的波爾多酒紅色系領帶」，這些都是極具質感的搭配原則。

配色的失敗範例……

失敗範例
01
衝擊感過度強烈的V領區

粉紅色的襯衫配上花俏的領帶，說不定會被稱讚「好時髦喔～」，但是這樣的說法，實際上正是「服裝不得體」的證據。對於已經步入社會的成年男性，並不需要這種誇耀式的流行。而釋放出強烈衝擊感的服裝，也絕對無法和「信賴感」、「誠懇度」畫上等號。

NG POINT_1
不得體的
搶眼搭配

失敗範例
02
道歉場合中多餘的「時髦感」

NG POINT_2
無視TPO

前往拜訪客戶為失誤道歉……這種經驗應該任何人都有過。在這種需要表現出最大誠意的場合，一切跟「時髦感」有關的品項都不必要。倒不如降低服裝的彩度，以「完全不需要多餘東西」這樣的想法選用服裝。比起讓人感到強烈主張的條紋，低調的小花樣、點點或素面的款式更為適合。皮革小配件等，也是只有黑色這一個選項。

OOD!

失敗範例

03

過度重視顏色的搭配

在P.18說明過顏色和花樣區分成「都會（工作的顏色．花樣）」，和「鄉村（假日）的顏色．花樣」兩類。咖啡色西裝配上粉紅色的領帶，就搭配概念而言，雖然沒有奇怪之處，但乍看之下會使人產生「這個人工作可靠嗎？」這樣的念頭對吧？談到商務場合，成敗的關鍵最終還是非工作能力莫屬。過度重視顏色的搭配，結果卻使人產生「輕浮的形象」，反而是一大損失。

鐵則

REGULATIONS

13

/34

顏色是有個性的！

以現代的企業菁英來說，「表現自己＝形象戰略」也是工作的一部分。特別是胸口＝V領區，能夠左右傳遞給對方的形象。在本書中，雖然以深藍色與灰色西裝作為基本概念，並分別提出個別的配色提案，但是，如果能夠認識其他顏色所擁有的個性和效果，就能有效地選擇領帶。

粉紅色

PINK

深受女性支持的溫柔的印象。

形象溫柔的粉紅色，是獲得很多女性支持的顏色。在政治家當中，也有參加女性出席率高的集會時，因此選擇粉紅色領帶的人。如果是年紀較長的男士穿搭粉紅色，會讓人感覺更為成熟從容。此外，體格好的人、稍微強勢的人等，想要緩和外顯的強烈印象時，穿戴粉紅色也具有效果。短處則是，來自同性之間微妙的評價。

紅色

RED

充滿「幹勁」與「熱情」的顏色。

這個顏色給人的印象是「幹勁」、「自我主張」、「熱情」等積極強烈的感覺。因此，在需要定勝負的場合，可以落實「魄力領帶＝紅色領帶」這樣的法則。話說回來，紅色也含有「攻擊性」或「過度自信」這樣負面的要素。在需要姿態謙虛的道歉場合等，則不適合這樣的顏色。

咖啡色

BROWN

令人感覺可靠和安心的顏色。

由於帶給人安心的印象，因此年輕世代若想讓外表看起來比實際年齡成熟時，或是必需慎重應對的會議場合，都很適合穿搭這個顏色。乍看之下，搭配的難易度好像很高，不過，和天藍色的襯衫非常相配，由於能夠成為具有質感的組合，因此會更想活用這個顏色。咖啡色也是容易表現品味，展現富裕的顏色。

黃色

YELLOW

明亮開朗，形象正面的代表色。

黃色給人開朗的、善於社交的形象，被視為具有一定程度鬆懈對方警戒心效果的顏色。不是很瞭解初次見面的對方的態度，需要以圓融的姿態進行社交往來時，可以選用這個顏色。搭配灰色西裝當然沒問題，因為也很適合白髮，若年長一點的男性想要看起來年輕一點，穿搭黃色也很有效。相反地，年輕世代穿上黃色，可能會看起來過於孩子氣，需要特別注意。

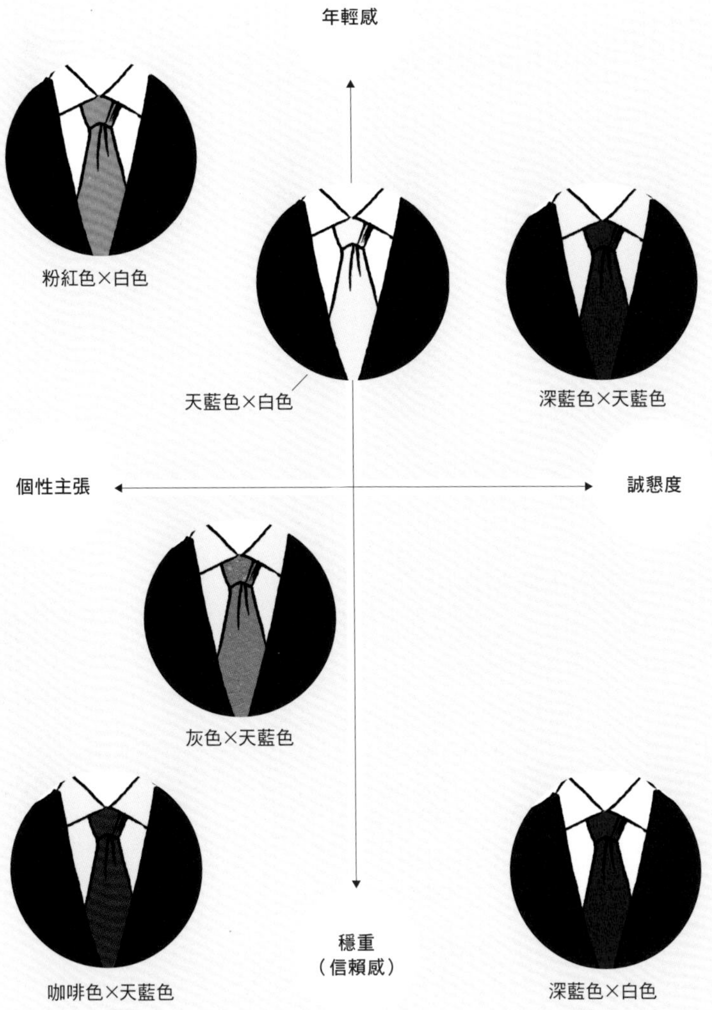

鐵則
REGULATIONS
14
/34

深藍色的V領區，運用「藍色的層次感」！

深藍色西裝的V領區

領帶顏色×襯衫顏色

年輕感

粉紅色×白色

天藍色×白色

深藍色×天藍色

個性主張

誠懇度

灰色×天藍色

咖啡色×天藍色

穩重
（信賴感）

深藍色×白色

以「年輕感」至「穩重」為縱軸，以「個性主張」至「誠懇度」為橫軸，作出了領帶顏色是否適合深藍色西裝V領區的配色表。不知道怎麼搭配比較好的時候，建議以「領帶底色適合西裝顏色」這樣的搭配概念來選擇。更清楚的說法則是「深藍色的西裝，通常搭配深藍底色的領帶」，以這規則來穿搭，不失為方法之一。

鐵則

REGULATIONS

15

/34

灰色的V領區，運用「有個性的顏色」！

灰色西裝的V領區

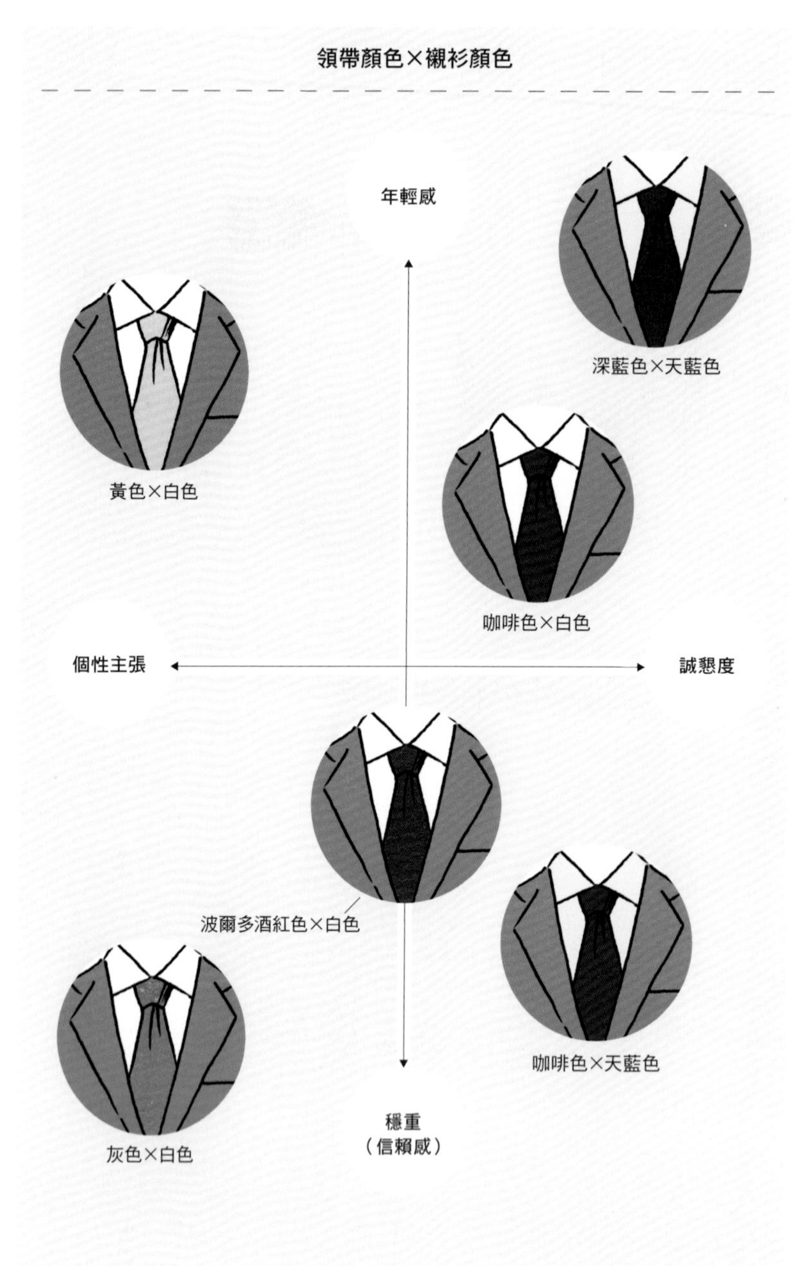

若仔細觀察上面的配色表，灰色西裝可以說是很適合表現「誠懇度」的顏色。除了深藍色系、咖啡色系之外，特別推薦「包含粉紅色、紫色的波爾多酒紅色系」的領帶。如果是灰色西裝，即使是稍微具有個性、彩度比較高的領帶，也能搭配出質感滿分的組合。

CHAPTER

5

pattern & material

golden rule of wearing suits

花樣&材質的搭配鐵則！

別讓花樣·材質起衝突

在西裝、襯衫、領帶三項單品當中，最好以其中兩項有花樣為限。這個法則來自心得經驗的歸納，是能讓穿搭的層級提升的訣竅之一。太多花樣的單品搭配在一起，往往會產生「眼花撩亂」的形象。除了花樣，如果能夠意識到材質的手感，就可以更進一步表現出好品味。

花樣・材質搭配的失敗範例……

失敗範例
01
花樣全都是條紋的穿搭

失敗範例
02
具有光澤感的薄布料西裝
搭配羊毛領帶

搭配不同的條紋單品時，相同粗細和寬度的條紋，彼此之間會互相干擾，使人產生眼花撩亂的感覺。

使用正式度高的材質製作而成的西裝，搭配休閒感的羊毛領帶，除了材質不搭以外，單品之間的「等級」也不一樣。

失敗範例 03

花樣相同的領帶與口袋方巾

這麼作雖然不容易出錯，但是，正因為相同材質、相同花樣的成套領帶和口袋方巾，反而不經意流露出庸俗的感覺。如果不知道該如何選擇口袋方巾，不妨根據襯衫或領帶的顏色來選擇，此範例選擇放入白色素面的口袋方巾準沒錯！

失敗範例 04

花樣種類太多

如圖示一般「條紋×格紋×格紋」之類的例子，基本上，超過「條紋×條紋」的搭配組合就具有難度。除了難易度高之外，這種過於休閒的穿搭組合，也沒有必要嘗試運用於商務服裝。

從NG範例想要學習的鐵則為……

NO G

鐵則

REGULATIONS

16

/34

花樣×花樣，以兩種為限！

搭配的基本原則是「西裝、襯衫、領帶這三項單品，其中有花樣的不超過兩項為限」。若是將「花樣×花樣，以兩種為限」當成前提，那麼若襯衫和領帶皆為條紋，西裝就選擇素面的款式。或是，西裝和領帶皆為條紋，襯衫就選擇素面的款式。接下來要介紹的，就是如何具體瞭解，掌握便利的「花樣×花樣的穿搭」重點。

話雖如此，但是要落實這個原則，多少還是需要一些品味。對此沒有自信的人，不妨以「花樣單品只有一項」為原則，若是這樣來穿搭，就不會有失敗的情況產生。

條紋
×
小花樣

「條紋西裝搭配小花樣領帶」是最佳拍檔

最佳穿搭！

這個搭配非常正式，而且也非常講究。如果將領帶換成深藍底色配上針點的款式，會讓V領區顯得更優雅。不論哪一個世代都很適合，是任何場合都沒問題的搭配。

條紋
×
條紋

利用條紋彼此搭配，作出「層次感」。

經常看見條紋襯衫搭配條紋領帶的組合。為了提升穿搭品味的等級，有兩個重點。①將極端不一樣的條紋性質（間隔寬窄和線條粗細）搭配在一起。②選用其中皆有一色為同色系的設計。以左圖示範為例，由於襯衫和領帶皆使用藍色系的條紋款式，因此色調上具有整體感。

格紋
×
小花樣

葛倫格紋西裝別和條紋搭配。

低調的葛倫格紋西裝（Glen Check）與條紋領帶，是難以駕馭的高難度組合。為了避免失敗，不妨搭配小花樣或點點的領帶。如此一來，花樣之間不會互相干擾，容易完成俐落的組合。

格紋
×
格紋

「格紋×格紋」必需記得3個穿搭重點。

最近數年來，格紋襯衫成為十分受歡迎的人氣單品，但是在搭配上，其實是屬於進階者的難度。穿著時請注意以下3個重點，①格紋的大小必須有落差。②使用同色系搭配組合。③控制顏色的數量。搭配時可以考量辦公室的服裝規定，此外「過度時髦顯眼的搭配」也沒有好處。

鐵則

REGULATIONS

17

/34

請瞭解布料的質感！

布料的質感範例

【真絲羊毛混紡斜紋布／Silk Wool Twill】

這款也是斜紋布料，由於加入了絲線混紡，呈現出美麗的光澤感。

【 羊毛斜紋布／Wool Twill 】

以斜紋的手法紡織而成的平滑布料。表面具有可以看出約45度斜角的田壟狀織紋。

「質感」這個詞語所代表的概念，男性或許不是很熟悉。但是，對於那些看似隨意搭配卻非常有品味的人，都是因為掌握了「根據材質的觸感進行搭配」的原則。

所謂質感的搭配，簡而言之就是「刷毛的材質，配上刷毛的材質」、「表面平滑的材質，配上同樣平滑的材質」這樣的概念。布料外觀或是厚薄相似的單品，適合彼此搭配，並且能夠將外表襯托得更加協調。

舉例來說，粗花呢和法蘭絨等具有刷毛質感的西裝，就搭配羊毛等較厚的領帶；具有光澤感的西裝，就搭配具有細緻織紋的襯衫和具有光澤感的領帶，如此就會非常相襯。此外，如果配件小物的材質也能搭配，就會更加完美。

【 法蘭絨羊毛／Flannel Wool 】

材質為羊毛，輕盈柔軟的紡織布料。表面具有刷毛感。

【 粗花呢／Tweed 】

布料厚實，表面具有刷毛感且紋路粗糙明顯的布料。圖中布料的花樣則是稱作人字紋的經典花樣之一。

鐵則

REGULATIONS

18

/34

質感的搭配！

統一光澤感和顏色，塑造「更講究，更正統」的西服風格。

統一質感與顏色的搭配範例；細條紋西裝外套和條紋襯衫為藍色系，變形蟲小花樣領帶和口袋方巾、橫飾皮鞋、皮帶皆為咖啡色系。無論是哪一項單品都具有光澤感，因此打造出更加講究、正統的格調。

表面紋路明顯具有手感的西裝，搭配風格類似織紋顯著的V領區。

服裝搭配的進階者，一定會配合質感穿搭的範例。刷毛材質的西裝外套即使配上白色素面襯衫，也是選擇具有明顯織紋的襯衫款式，領帶也是具有編織手感的材質。此外，鞋子和皮帶也以黑色的山羊皮呈現出整體的一致感。

column

花樣不合宜的領帶不必要

西裝以深藍色或灰色為主，襯衫則是白色素面或天藍色。若是依照我推薦的款式，無論什麼顏色的領帶都可以搭配，也不會給人留下「品味不佳」的印象。

特別想要推薦的，則是搭配最簡單，評價、人氣也很高，完全沒有花樣的素色（Solid）領帶。

歐美地區凡是提到喪慶場合的正式服裝，基本上搭配的領帶絕對是素面款。只要根據出席的場合選擇絲、羊毛、喀什米爾等材質的領帶來搭配，不管正式或休閒都能對應。

歷史上以時尚著名的英國溫莎公爵，以西裝搭配羊毛材質的素色領帶，並且成為休閒西裝風格的範本，廣為世人所知。

基本款的顏色，果然還是非深藍色和灰色莫屬。從淺色到深色擁有很豐富的變化，何不試著以系列感統一呢？雖然也有正統派的穿搭，但實際上，現代感的穿搭是非常容易執行的。

運用領帶改變形象

深藍色是使人感覺知性、冷靜和安定的顏色，雖然古典的印象很強烈，但是，包括襯衫和領帶的配色在內，如果以素面的藍色層次統整，就可以展現時尚俐落的氛圍。

若是將領帶底色從深藍色換成水藍色，則可以呈現出年輕清爽的形象。

此外，「深藍色×咖啡色」是深受義大利型男們喜愛的配色組合。但日本男性意外的很少選擇穿搭咖啡色。因此，想要展露個人品味時，不妨試著搭配咖啡色吧！

統一色調，也可以嘗試具有個性的顏色

灰色的西裝，可以搭配具有個性的顏色，藉由彼此色調的調和，更能襯托色彩上的魅力。和襯衫的對比程度沒有深藍色西裝強，因此相較於深藍色，更能享受搭配的樂趣。重點是，統一西裝和領帶的顏色深淺與色調。

一般而言，歐美國家「會在正式場合穿上灰色的西裝」。在日本，雖然選擇深藍色西裝的人比較多，但灰色西裝也能搭配銀色或香檳金的領帶，形成「質樸華麗」又相當好看的組合。

golden rule of wearing suits

涼感商務西服的鐵則！

邋遢感是天敵

比起穿起來覺得涼爽，更重視外觀清涼感的服裝風格。而完美的合身度，正好可以呈現出清涼感。不是追求隨隨便便的模樣，而是徹底追求成熟人士的氣度。講究細節或正統感是涼感西服穿搭風格的關鍵字。其中最重要的是，讓襯衫、西裝褲、鞋子、皮帶的顏色具有統一感。

失敗範例
01

涼感商務西服的失敗範例……

只是單純拿掉領帶的涼感商務風格

繫上領帶後顯現英姿颯爽的品味西服，但是為了對付夏天的暑熱而解下領帶，就會變成草率的時尚風格。無論如何，看起來都不像是工作可靠的男性。不僅如此，或許看起來還會像是完全不在乎時尚的「乏味大叔」。

失敗範例

02

大出風頭的鈕釦、釦眼與領子！

不穿著西裝外套的涼感風格，襯衫的細節容易變得醒目。顏色明顯的鈕釦、釦眼、雙層領、3顆鈕釦的領臺，或是領子加上滾邊的襯衫等，大部分都是花俏過頭的款式，不適合商務場合。

NO G

失敗範例

03

短袖襯衫的腰圍處膨膨的！

因為貪圖輕鬆舒適又涼爽的感覺，於是選擇了尺寸過大的襯衫，結果在腰圍處形成膨膨狀，呈現出邋遢又熱得難受的形象。

鐵則

REGULATIONS

19

/34

涼感商務西服的「加法」！

加上西裝外套的風格

涼感商務西服的心得①

相較於「穿起來涼爽」，更重視「外觀清涼感」的搭配原則。

↑　公司明文規定，沒有繫上領帶就算NG的企業也不在少數。即使不拿下領帶也能讓周遭感到清涼的氛圍，也是涼感商務西服的風格之一。在V領區和口袋方巾運用白色或天藍色的冷色調，就能強化外觀的清爽形象。最簡單的方法為，選擇底色為白色的領帶。

為了推廣「涼感商務西服」，街頭上經常出現「單純拿掉領帶」的西裝穿搭。恕我直言，涼感商務西服並非這樣的服裝，而且不可否認的是，這樣的穿法反而呈現出輕率的形象。接下來將解說，使人信賴又充滿自信的涼感商務風格重點。

涼感商務西服的心得 ②

正因為沒有領帶，所以更要活用口袋方巾！

↑　如果要讓正統派的西裝，在不繫上領帶的狀況下看起來得體，即使對造型師來說，也是非常高難度的搭配課題。首先，拿掉領帶是一種「減法」，放進口袋方巾則是一種「加法」。即使是白色素面的口袋方巾也OK。此外，為了不讓V領區顯得單薄，比起基本款素色襯衫，選擇風格較明顯的條紋款式會有更好的效果。

鐵則

REGULATIONS

20

/34

請特別注意襯衫款式的腰圍！

沒有西裝外套的風格

最近的涼感西服風格，開始以不穿西裝外套，只穿短袖襯衫為主流趨勢。我認為，實際上雖然達成了涼爽感，但換句話說，也欠缺了一項可以修飾身體線條的單品。而且減去的單品優勢，無法利用其他藏拙的方法來補救。特別是上半身的襯衫搭配，占有影響第一印象極大的份量，請記住這一點。

要特別注意的重點，就是腰圍附近絕對不能膨膨的。總之，選擇剛好合身的尺寸非常重要。如果是優先以「輕鬆感」選擇寬鬆襯衫的人，腰圍處毫無例外都會看起來膨膨的。即使有清涼感、清潔感，還是會給人留下邋遢的印象。

此外，以商務西服風格來說，袖子部分過短，過度露出上手臂也是NG的狀況。不要過度露出肌膚，本來就是西裝的基本原則。

腰圍處保持
俐落的線條
是基本原則！

鐵則 REGULATIONS 21/34

「穿搭」重點就是清涼感！

沒有西裝外套的風格

穿搭範例①

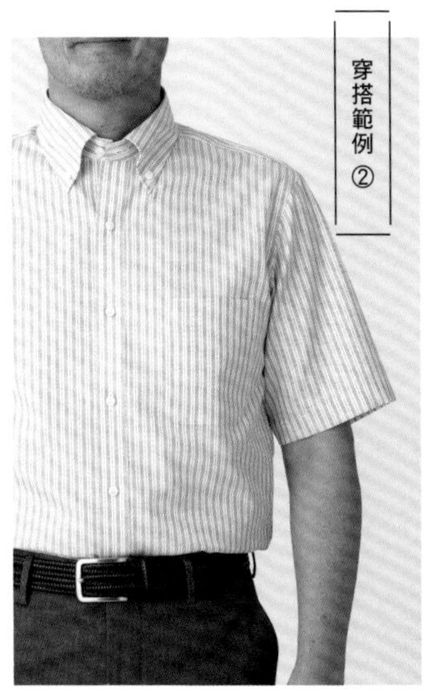
穿搭範例②

穿搭範例③

短袖襯衫的穿搭風格，最重要的就是清涼感。不只是穿著的本人，也要讓他人的視覺感官看起來涼爽，給商務往來的工作對象留下好印象。即使如此，也不是說好印象就等於信賴感。選擇合身尺寸的襯衫是一個大前提，其次，襯衫領口不要過度敞開也是重點。就這點而言，可以選擇領型立體的鈕釦領（Button-down Collar）款式，即使在第一顆鈕釦不扣的狀態下，仍然能夠保持俐落的輪廓。穿上Polo衫的時候，確實扣上第一顆鈕釦就不會給人隨性的印象。我認為這些都是徹底意識到商務用途的穿搭原則。此外，為了應付汗水的痕跡，我特別推薦穿上淺褐色的無縫（沒有接縫處、縫合處）貼身內衣。

①白色鈕釦領襯衫，搭配深藍色的針織領帶和黑色皮帶。
②藍色條紋的鈕釦領襯衫，搭配黑色和深藍色的網狀皮革腰帶。
③縮口下襬的黑色針織Polo衫。

鐵則 REGULATIONS 22 /34

瞭解適合商務場合的西裝褲！

以涼感商務風格來說，西裝褲也是和襯衫同等重要的單品。近年來出現很多透氣性佳、具有彈性機能等符合夏季的西裝褲款式。我認為也要根據職業環境考量，要特別注意的是，不要選擇讓人感覺過於隨性的款式。特別推薦版型正統的便褲（Slacks），不但輪廓漂亮，又能夠搭配西裝外套，這點很重要。要避免過於華麗的顏色，不妨選擇深藍色、灰色或米色等沉穩的顏色。選購時一定要在店裡試穿，並且「修改」不合適之處，請試著以適合商務場合的心情挑選。和西裝外套一樣，脫下之後一定要掛在衣架上，並且建議倒過來掛（參照P.91）。

夏季羊毛材質的便褲

不僅正式，羊毛材質的透氣性也很好，穿著時膚觸柔和。照片中是灰色底加上深藍色格紋的款式。

斜紋棉褲 Chino

由於棉材質容易看起來過於休閒，因此選擇使用正統的便褲版型的款式。為了與休閒用的褲子有所區別。

經典便褲 Slacks

使用彈性材質、透氣性良好的機能西裝褲，選擇很多，請一定要選擇正統的褲型。

鐵則

REGULATIONS

23

/34

襯衫一定要「紮進」西裝褲！

涼感商務西服的難度在於，容易看起來像「日常穿著」。卓越的商務風格，在於追求無論如何都要讓對方意識到商業人士這樣的形象，我認為重要的，是令人產生「這個人儀表恰如其分，正直可靠」的感覺。要達到這個目標的簡單方法，就是一定要將襯衫「紮進」褲子裡。說不定你會認為「竟然只是這種小事？」，但是以商務場合而言，無論穿著如何精緻時尚，一旦襯衫下襬外露，都會令人感到邋遢。雖然像Polo衫那樣，下襬設計成束口的襯衫可以另當別論，但我認為，基本上還是要時時不忘符合出席場合的儀容。

↑ 暗釦領襯衫搭配霧粉色系的棉褲。這種領子背面縫上暗釦的襯衫，即使沒有扣上第一顆鈕釦，領子看起來還是很立體正是其特色。鞋子選擇雅致的樂福鞋，運用黑色和咖啡色的網狀皮帶打造整體感。

column

我心目中 從零開始的 涼感商務西服風格。

涼感商務西服，是環境署從2005年開始推廣的概念。雖然施行了10年，似乎已經大勢底定，但標準仍舊會根據不同的職場，有著各式各樣的差異，沒有一個明確的規則。拿掉領帶、不穿西裝外套等，這和原本的西裝概念完全不同。當然，這也不是說就可以隨意穿著了。請務必抱持著可以出席商務場合的想法來選擇服裝。不僅追求清涼感、清潔感，還要具有恰如其分的儀表，不會失禮於對方；再考量如何讓對方留下好印象，以便促進商務往來合作圓滿，我認為就能決定出自己的風格。至於「涼感商務西服的鐵則！」的提案，是從零開始思考涼感商務西服所誕生的單元。若能讓各位掌握到，所謂適合商務場合的服裝，開始花心思考量，並且進而活用，那就是本人之幸。

清涼感和
清潔感！

保暖商務西服的鐵則！

防寒小訣竅

天氣寒冷的時候，毛衣和開襟針織衫非常實穿。但是，意想不到方便的組合則是「三件式西裝」。除了可以防止穿起來很臃腫，也有各式各樣的穿搭可能性。如果將現有的西裝搭配針織背心，就可以享受原創三件式風格的組合。除此之外，也能運用大衣和圍巾，享受搭配的樂趣。

保暖商務西服的失敗範例…

失敗範例
01

穿起來顯得臃腫！

因為寒冷而穿得太多，結果導致精心挑選的合身西裝輪廓崩壞。特別需要留意兩條手臂的緊繃感。

失敗範例

02

雖然穿上了暖色系的西裝，但是……

NG POINT_2

選用了
不適合工作場合
的顏色

咖啡色、深咖啡色等色系的西裝確實給人溫暖的印象，但是以想要獲得信賴的商務場合而言，給人的觀感還是比不上深藍色系與灰色系，因此還是盡可能選擇藍、灰兩色系為佳。

從NG範例想要學習的鐵則為……

以三件式西裝來說

鐵則

REGULATIONS

24

/34

運用三件式西裝升級！

擁有優雅印象的三件式西裝，由於多了一件背心，因此西裝外套的鈕釦不扣也OK。

以兩件式西裝來說

兩件式西裝會呈現出比較輕盈的形象。

搭配其他顏色的西裝褲

深藍色西裝外套和背心搭配灰色的西裝褲，適合想要改換形象的時候。

實際上，怎麼搭配都可以。

所謂的三件式西裝，就是加上以西裝外套、西裝褲相同布料製作而成的背心。因此，無論是只穿上西裝外套，或是只穿上背心當成兩件式……哪一種穿搭皆可，這是購買三件式西裝的優點。即使在他人面前脫掉西裝外套，比起只穿著一件襯衫，加上背心所呈現的風采一定更顯優雅。顏色一如先前介紹的鐵則，選擇深藍色或灰色。背心同樣是一定要試穿，若是必要也請「修改」，調整成完美的合身尺寸。尺寸愈是剛好，就愈不會覺得寒冷。

也可以試著搭配針織背心

將現有的兩件式西裝加上針織背心，就能簡單享受三件式的穿搭樂趣。這時候的搭配重點，在於選擇深藍色或灰色的薄材質款式。依這個原則選擇，就能適合所有的基本款西裝，也便於搭配。至於背心的鈕釦，最下面那一顆不扣是世界通則。

column

展現「暖意」的小訣竅

穿起來暖和的代表性材質為法蘭絨，經常運用在厚毛織的西裝或外套等，具有羊毛氈的滑順手感，也有良好的保溫性。特別是最近的法蘭絨，布料輕盈、柔軟又溫暖。穿上之後，可以感受到良好的膚觸，並且柔順地確實包覆著身體。只要在外套裡搭配針織背心或是開襟針織衫，就能有效確實保暖。

此外，考量保暖穿搭時不可或缺的單品非大衣莫屬。傳統的風衣外套或是扣起即為立領的巴爾瑪肯大衣、宛如長版西裝外套的查斯特大衣等，有著各式各樣的款式。以上班族來說，基本上是會脫掉的品項，因此，我認為根據版型、顏色等個人喜好選擇即可。圍巾和手套亦然，不像西裝需要遵守鐵則的限制，因此是可以抱著一點趣味挑選，充滿搭配樂趣的單品。

巴爾瑪肯大衣
Balmacaan Coat

風衣
Trench Coat

查斯特大衣
Chesterfield Coat

有時玩心
也很重要！

CHAPTER

8

accessory

golden rule of wearing suits

運用配件的鐵則！

容易吸睛的小重點

配件的存在感，其實比想像中要強烈得多，因此要特別注意不可流於不得體。為了能長久耐用，建議鞋子最少要有兩雙輪流替換，好方便保養。皮帶、公事包、皮夾或名片夾等，請視同消耗品看待，如果覺得「不夠稱頭」了，就果斷購買新品替換吧！這些配件，意外地令人矚目喔！

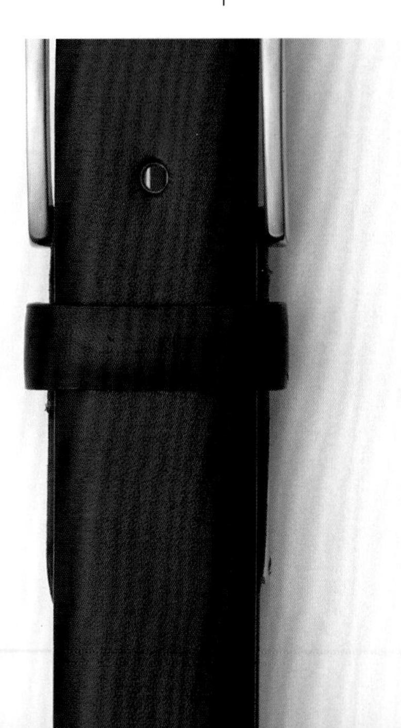

運用配件的失敗範例…

失敗範例

01

NG POINT_1

鞋子和皮帶的
顏色不同！

男士的皮革配件，以統一的材質和顏色為原則。若鞋子和皮帶的材質、顏色不一致，容易呈現不協調的形象。如果可能，公事包和手表表帶也盡可能統一為佳。

失敗範例

02

NG POINT_2

「尖頭鞋」
等設計感過度的
鞋子

特別重視鞋子的男士，往往會選擇設計感較強的鞋款。舉例來說，鞋頭細長被稱為尖頭鞋的設計等，這種過度個性的鞋子，在商務場合容易成為不得體的觀感因素。

失敗範例

03

NG POINT_3

商務西裝搭配
樂福鞋

樂福鞋是極具代表性，通稱為「懶人鞋」的休閒鞋款。基本上，不適合搭配正式的商務西服。雖然也有將流蘇樂福鞋視為例外，覺得OK的看法，但我認為應該考量辦公室或是外出場合的氛圍再行判斷。

失敗範例

04

NG POINT_4

肩背、斜背款的公事包

肩背、斜背的公事包、托特包、尼龍材質的包款，原本就不適合商務場合。特別是斜背款式，不但會破壞西裝外套重要的肩型部分，還有可能壓壞翻領的柔和曲線。

失敗範例

05

NG POINT_5

「金光閃閃的手表」或品牌標誌過於招搖的皮帶

以商務西服而言，不需要「誇張」或是「過度顯眼」的單品。戴上不符合身分的手表等配件，也會有損給人的信賴感。選擇低調一點的單品，正是充分意識到社會立場的證據和心得。

失敗範例

06

NG POINT_6

從西裝褲和鞋子之間露出腳的皮膚！

這個狀況無關品味，而是違反了服裝禮儀。根據發源於英國的西服風格規定，只能看到手和頸部。縱使不喜歡，也要選擇長度足夠、不至於露出腳的襪子。但是，這並不包括厚白襪等休閒、運動用的襪子。

NO G

鐵則 REGULATIONS 25 /34

紳士鞋基本款為黑色橫飾鞋！

商務西服的基本鞋款為綁帶鞋。講得極端一點，如果有一雙黑色橫飾皮鞋就夠用了。但是為了讓皮鞋更加長久耐用，替換穿著很重要，因此，最少應該要有兩雙皮鞋。建議第一雙是黑色的橫飾鞋，第二雙則可以選擇咖啡色的橫飾皮鞋或素面鞋。

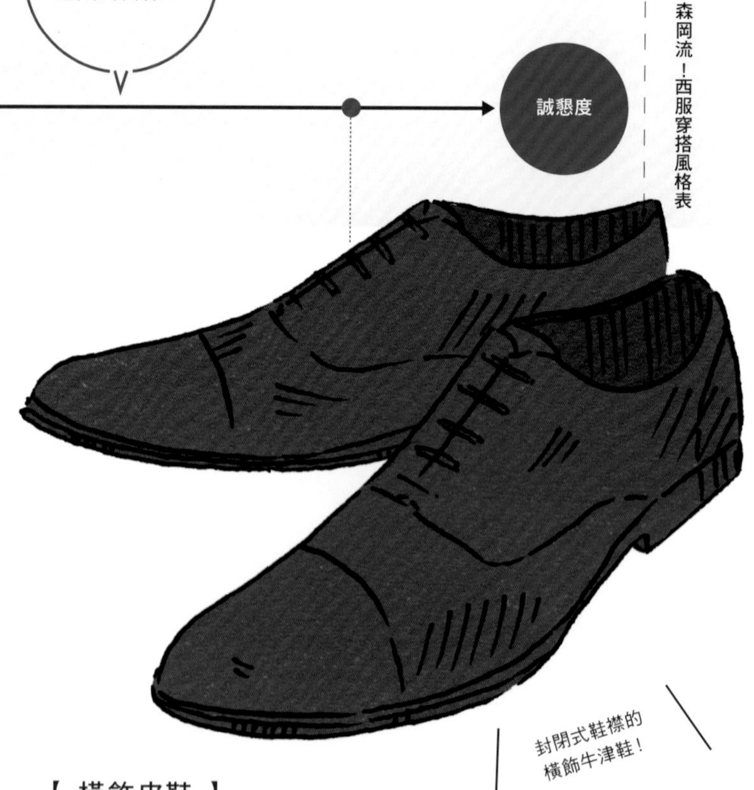

【 素面鞋 】

鞋頭沒有裝飾的「素面鞋（Plain-toe）」，可說是紳士鞋的最基本的款式原形。可以穿著的場合非常廣泛，特別是如上圖使用開放式鞋襟，鞋緣（鞋底和鞋身縫合的部分）隱藏式接縫的款式，無論是西裝還是牛仔褲都很好搭配。

【 橫飾皮鞋 】

鞋頭拼接的橫飾皮鞋，總之，一字型設計為其特色。雖然還可分為封閉式鞋襟和開放式鞋襟兩種鞋款，但特別推薦拼接處不加裝飾（雕花沖孔）等，像上方插畫一樣設計簡單的封閉式鞋襟款。也適合穿著出席婚喪喜慶的場合。

※有著鞋帶孔的鞋襟片，與鞋面交接處覆在鞋舌上方的款式，稱為開放式鞋襟（德比鞋）。鞋襟片與鞋舌密閉縫合的稱為封閉式鞋襟（牛津鞋）。開放式鞋襟的鞋款，解開鞋帶時可以完全打開鞋襟片，封閉式鞋襟則無法打開。

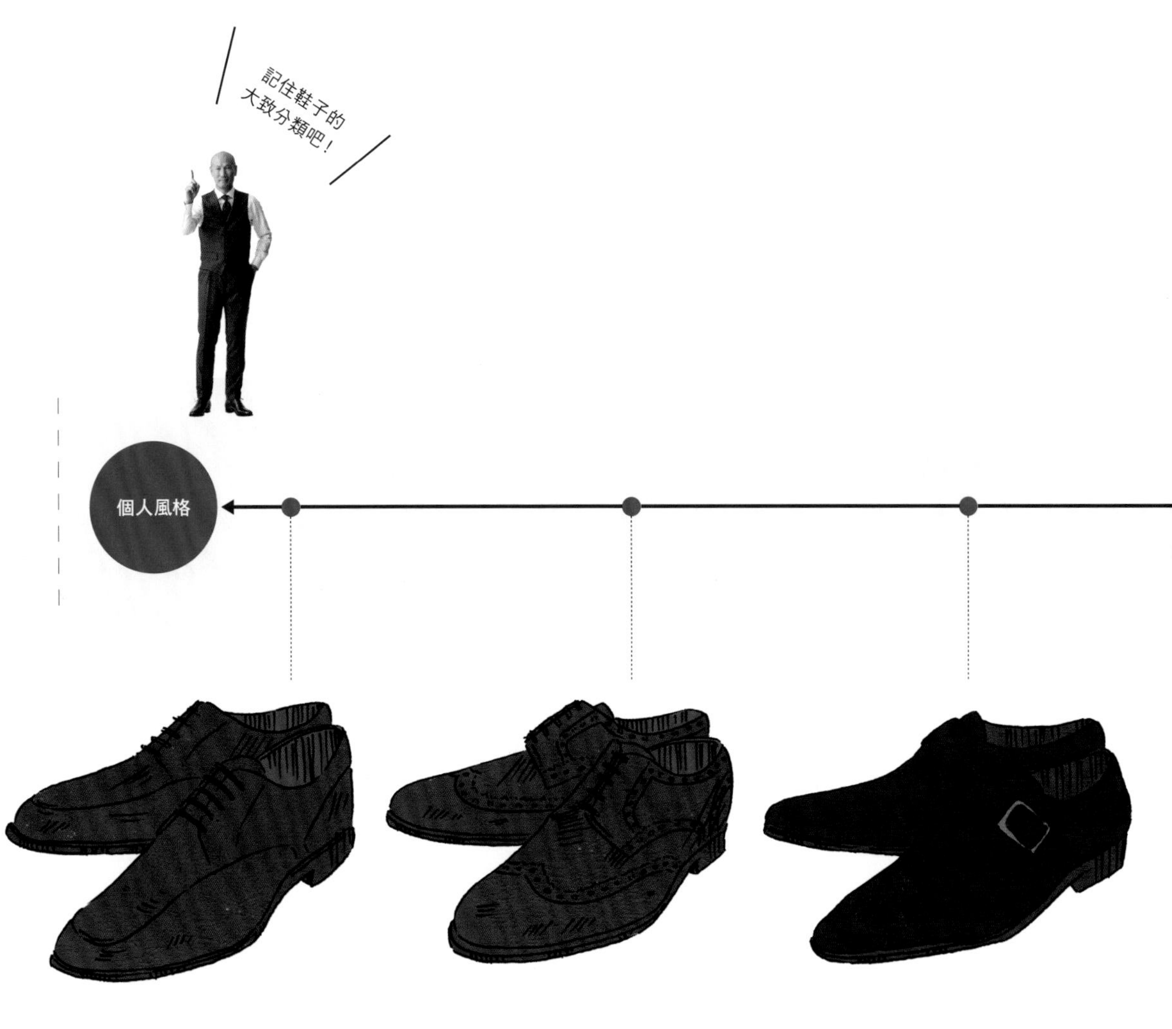

【 裙飾皮鞋 】

以U字形的皮革片，接合延伸至鞋舌的鞋面為其設計特色。適合西裝風格，但也是可以搭配西裝的紳士鞋中最具休閒感的鞋款。選購時的重點是，挑選鞋緣縫線不外露的設計。

【 翼紋鞋 】

與鞋面接合的鞋頭皮革片（Tip），裁切成宛如翅膀（Wing）的W翼狀，因而得名。稱為Medailion的雕花沖孔裝飾，具有古典的印象。原本是搭配鄉村風格西服用的鞋子，雖然搭配西裝也OK，但是婚喪喜慶等正式場合則不適合。

【 孟克鞋 】

所謂的孟克（Monk），是指西方修道士的僧侶。這款以他們穿著的鞋子為靈感設計而成的鞋款沒有鞋帶，而是以金屬釦環和皮帶來固定。以綁帶鞋為基本原則的商務西服，孟克鞋是被認可的唯一例外，能夠演繹時尚的足部風情。

鐵則
REGULATIONS
26
/34

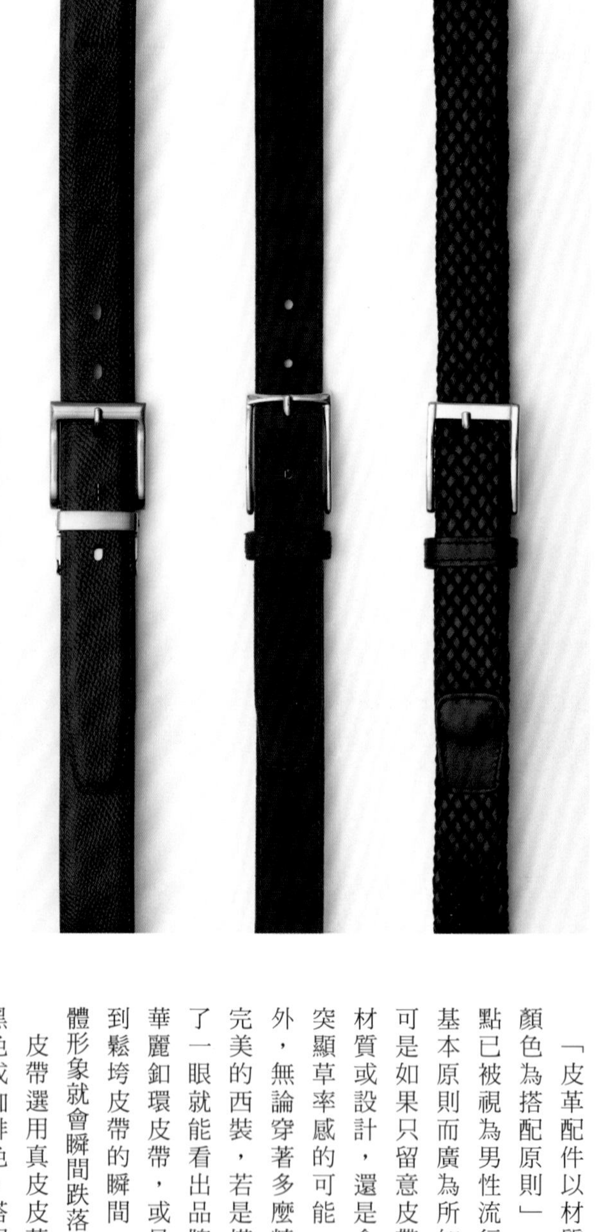

省略皮帶會失去整體感！

「皮革配件以材質和顏色為搭配原則」，這點已被視為男性流行的基本原則而廣為所知，可是如果只留意皮帶的材質或設計，還是會有突顯草率感的可能。此外，無論穿著多麼精緻完美的西裝，若是搭配了一眼就能看出品牌的華麗釦環皮帶，或是看到鬆垮皮帶的瞬間，整體形象就會瞬間跌落。

皮帶選用真皮皮革的黑色或咖啡色，搭配銀色釦環為基本款。皮帶的寬度雖然以3～3.5cm為主流，最近也有販賣細一點的款式。一般來說，較寬的皮帶適合休閒服，較細的皮帶則為正式場合使用的款式。但是，3cm以下的窄版皮帶對商務西服來說又過度休閒，給人無法信賴的形象。

同樣的，網狀編織款的皮帶也有著明顯的休閒風，因此，若是服裝規定嚴謹的公司，最好不要使用。黑色或咖啡色的絨面山羊皮革，原本是休閒風格的單品，現在似乎也取得了認同，擁有更寬廣的搭配可能。總而言之，設計簡單的款式最為理想。

鐵則

REGULATIONS

27

/34

瞭解公事包的基本要點！

正統派公事包的條件

具有把手（提把）的款式。
具有袋蓋，或是拉鍊的款式。
皮革製品。
可以自行站立的款式。

因為必要所以擁有……受這種想法影響，於是不甚重視公事包的人很多。伴隨時尚潮流整體性的休閒化，以及筆記型電腦的普及，可以理解根據機能性而選擇尼龍公事包的心情。但如果是具有一定年紀的人，能夠擁有「以機能優先選擇尼龍公事包，並不適合本身西裝風格」的這種自覺，因此確實將公事包和尼龍包的用途區別使用，這樣不是比較好嗎？

至少，必須為關鍵的商務會談，準備一個能夠和西裝相得益彰皮革製正統派公事包。

鐵則
REGULATIONS
28
/34

別讓襪子搶風頭！

談到襪子，百搭萬能款非羅紋與灰色素面莫屬。

在坐下的情況之類，因為瞥見眼前的襪子而感到失望……曾有不少女性表露出這樣的感想。正因為是平時不顯眼的單品，才更需要特別注意。這不但是邁向時尚的堅持，也是重視工作的表現。

搭配西裝的紳士襪，盡可能選擇不顯眼的款式為鐵則。深藍色西裝搭配深藍色的襪子，灰色西裝搭配灰色的襪子，以西裝的同色系來選擇即可。雖然配合鞋子的顏色也可以，但是，配合褲子的顏色比較簡單，也不會出錯。或是，一律穿上素面的鐵灰色襪子就一定沒有問題，因為沒有什麼顏色是鐵灰色不能搭配的。

避免選擇加上品牌商標的款式。即使是有品牌商標的款式，也要選擇同色系不顯眼的設計。紳士襪的材質有棉、尼龍、羊毛等，請選擇不過厚、不過薄的款式。太厚的材質過於休閒，可以透出肌膚程度的薄襪則是看起來太老氣。即使是坐著翹腳的時候，襪子長度也一定要足夠，不能看見肌膚。

鐵則

REGULATIONS

29

/34

理想手錶是薄錶面加皮革錶帶或金屬錶帶！

造型簡單的薄型手錶

為了讓西裝的手腕部分呈現俐落感，建議選擇錶面（手錶的本體）不會卡住袖口、設計簡約的薄型款。皮革錶帶雖然最理想，但是在濕氣重的日本容易流汗而感到不適，因此，若是不太厚重的金屬表帶也OK。

以商務場合而言，比起一眼就能分辨品牌的手錶，稍微低調的設計款式反而比較能贏得好感。休閒運動感太強的設計，或裝飾過多的錶款都要盡量避免。

column

皮帶孔，不是「調整尺寸用」。

男士用的皮帶大多以奇數的數量開孔，通常有3或5個皮帶孔。很多人會認為這些孔是調整尺寸用，但這個觀念有一半是錯誤的。使用皮帶時，一定要以最中間的孔固定（若是無論如何都無法以最中間的孔固定，也可以替換成前一個或是後一個）。如此一來，多出來的皮帶就可以平衡優雅地收起來。皮帶孔的間距大約2.5～3cm。購買的時候，一定要不厭其煩地試穿。此外，皮帶可以當成時髦的配件，同時也屬於消耗品。一旦縫線脫線、皮帶孔周邊出現裂痕、釦環位置意想不到地突出，若皮帶產生這些狀況，強烈建議重新購買新的皮帶替換。

襯托西裝的包包，還是皮革製的最合適。

搭配西裝的包包，必須具備質感與格調。以我個人而言，為了避免破壞西裝的外型，建議不要使用尼龍材質、附背帶的肩背款式。

因為機能性的需求，不得不選擇尼龍材質的情況下，那就盡量選擇類似西裝，黑色或是咖啡色的低調設計款。運動感明顯的設計，會給人打扮過於年輕或是小孩子氣的形象。若是覺得皮革製品的印象過於冷硬，不妨選擇酒紅色、深藍色或灰色的公事包，其加分效果可以確實提高西裝風格的等級。

正式場合，請勿配戴潛水錶。

以前被認為不合乎服裝規定的潛水錶，現在似乎被認為是可行的配戴單品。我個人認為，若是較為輕巧、可以搭配西裝的款式倒也無妨。但是，請務必理解這個錶款本來就是運動風單品的概念。至少，出席派對或是正式場合的情況，還是有必要考慮替換他款。

配件的注意事項

提到皮革配件的代表性單品，非皮夾莫屬。我特別推薦具有雅緻印象的長皮夾。雖然覺得很遺憾，但最近看到很多人將皮夾放在西裝外套或西裝褲的口袋，造成西裝輪廓變形的原因。我認為皮夾還是應該放在公事包裡為佳。

此外，名片夾也推薦使用皮革製品，避免塑膠製較好。皮製配件會讓工作上往來的對象產生「在這樣的地方也很用心」的感覺，因為可以呈現獨有的風格，請一定要嘗試看看喔！

CHAPTER

9

mixing & matching

golden rule of wearing suits

交替穿搭的鐵則！

無敵的交替穿搭

為了避免連續兩天穿著同一套西裝，因此，最好以三套西裝循環替換；並且準備六件襯衫、六條領帶、三雙鞋子。秉持這個原則，該買些什麼，該捨棄什麼，以及搭配的基本技巧都可以迅速瞭解。此外，本單元也將一併介紹這種穿搭原則下的「商務場合決勝服」。

失敗範例

01

交替穿搭的失敗範例⋯⋯

襯衫和領帶的搭配「總是一樣」

OOD!

總是同一套西裝搭配同一條領帶⋯⋯若只是因為「這樣的搭配令人感到安心」，就將穿搭固定化，或許會發生人們在背地議論「這個人，總是穿同套衣服。」的情況。既然都擁有一定數量的襯衫或領帶了，要是不加以運用也未免可惜！

失敗範例
02

無精打采的西裝，等於呈現出無精打采的自己！

在飯局上總是穿著皺巴巴的西裝，容易被視為行為不合時宜，無法融入現場。以商務場合來說，會成為被扣分的對象。

NO G

從NG範例想要學習的鐵則為……

鐵則

REGULATIONS

30

/34

製作方便合宜的穿搭循環！

基本的衣櫥清單

西裝

3套

必備深藍色和灰色的素面西裝。第三套可以是深藍色或灰色的條紋西裝。款式以3個鈕釦的翻領西裝為基本款。

襯衫

6件

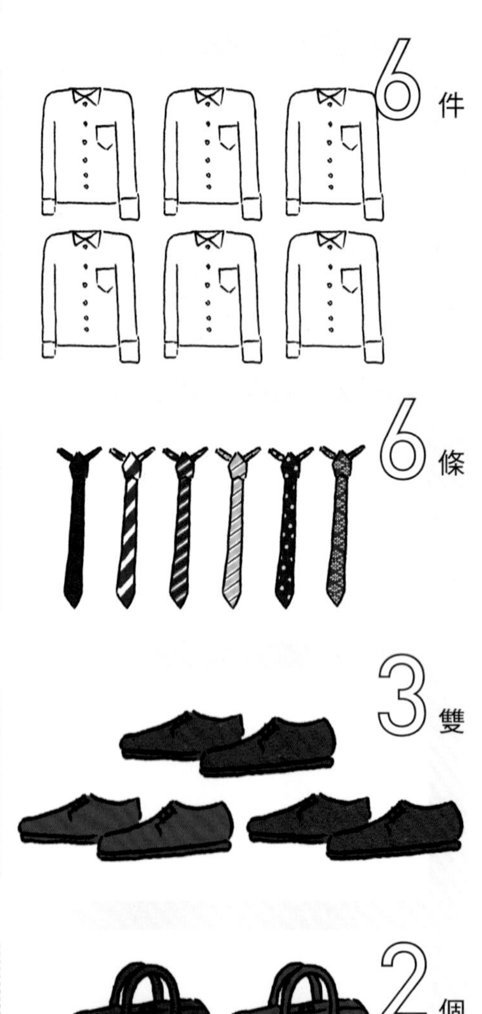

顏色以白色和天藍色為主。素面為基本款，花樣以針條紋等細條紋的款式為限。領子盡量選半寬角領。

領帶

6條

以小花樣為主，限定為條紋或點點等。若是剛開始穿西裝的初階者，最好全部選擇底色為藍色系，以及素面領帶。

紳士鞋

3雙

第一雙為黑色的橫飾皮鞋或是素面鞋，第二雙可以選擇深咖啡色。至於第3雙，不妨選擇適合雨天穿的黑或咖啡色膠底鞋。

公事包

2個

皮革製的公事包。可以的話，準備黑色和咖啡色各一款。

一週的交替穿搭範例

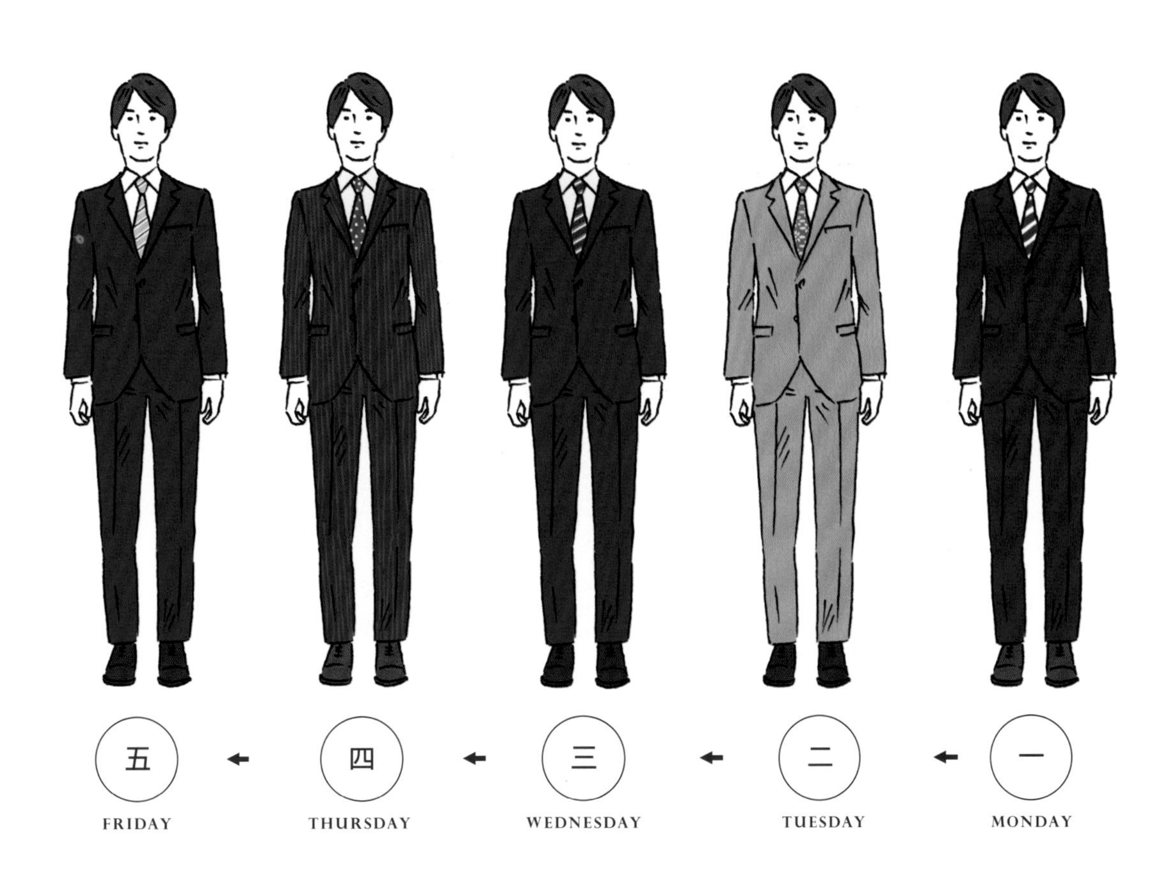

試著根據右頁的清單，檢視自己的衣櫥內容吧！如此一來，應該就能明確掌握「必須補足什麼，又該剔除什麼」。請特別留意，不要連續兩天都穿同一套西裝，若是以三套西裝循環替換，不止不容易磨損布料，也能保持相當程度上「有替換」的印象。舉例來說，在一、三、五穿著當成基本款的深藍色西裝，其間換穿另外兩套西裝。接著下一週，改以灰色西裝作為基本款在一、三、五穿著，以此類推。

襯衫顏色如果皆為白色和天藍色，那麼從乾洗店取回之後，無論怎麼換穿都可以搭配任一套西裝。領帶只選用以深藍底色為主的基本花樣，那麼不管是哪款西裝與襯衫的組合，都可以搭配。若依照這個方法來搭配，就不會浪費手邊擁有的衣服。「穿過的襯衫和領帶同一週不再使用」、「鞋子最少要間隔一天」，將這些當成追加的注意事項記在心裡吧！

明明擁有一定數量的襯衫或領帶，卻無法乾脆俐落的決定如何搭配，就會演變成單品的顏色與花樣毫無原則增加的可怕衣櫥。

鐵則

REGULATIONS

31

/34

製作「根據出席場合的最佳搭配」！

SCENE. 1

想要展現自信進行簡報的場合……

出席決勝關鍵的簡報會議，最適合展現堅毅與自信的深藍色西裝。潮流感和時髦感不需要在這種氣氛出現。黑色皮革的正統派配件，可以進一步提升信賴感。或許很多男士會選擇條紋領帶，但沉穩的小花樣領帶其實更能夠散發洗練的菁英風範。

SCENE. 2

在必須展現自我
出席酒會、派對等
光鮮亮麗的場合……

若是選擇過於張揚，莫名華麗的領帶，會給人刻意的形象。選擇素色領帶，試著打扮得別致一點如何呢？在歐美國家，出席正式場合搭配素色領帶是約定俗成的服裝潛規則。運用底色統一的口袋方巾，藉由胸口處呈現華麗氛圍。鞋子不是黑色，而是深咖啡色的橫飾皮鞋。

SCENE. 3

必須展現真誠心意
道歉的場合……

道歉的場合，不需要流行性或過度強勢的服裝，因此以白色襯衫搭配低調印象的針點領帶。襯衫款式可選擇以現今潮流來看，稍微有點保守的標準領襯衫，營造誠實認真的形象。皮革配件除了黑色以外，不需要考慮其他。不會給人嚴肅壓力的襯衫和西裝褲也很重要。

SCENE. 4

洽商會談與拉近雙方關係的應酬餐會場合……

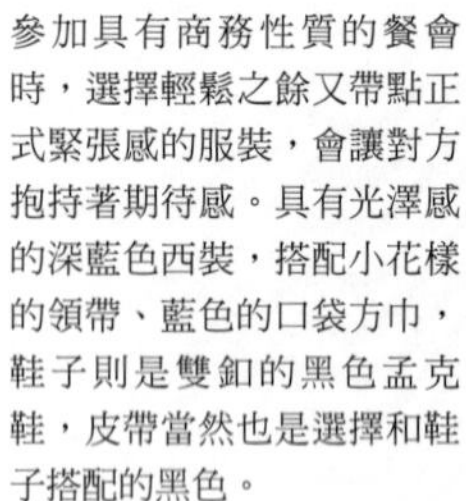

參加具有商務性質的餐會時，選擇輕鬆之餘又帶點正式緊張感的服裝，會讓對方抱持著期待感。具有光澤感的深藍色西裝，搭配小花樣的領帶、藍色的口袋方巾，鞋子則是雙釦的黑色孟克鞋，皮帶當然也是選擇和鞋子搭配的黑色。

記住訣竅！

column

試著擺脫「購買時的成套搭配」

選購西裝時，配好顏色花樣成套購買的襯衫和領帶等，只是當下的最佳考量，但日後卻會習慣性的穿著同樣的搭配組合。然而，來自安心感而僵化的穿搭，會讓周遭的人產生一成不變的印象。此外，穿搭替換的循環不只有很好的機能性，也能防止西裝提早劣化。

P.84至P.86推薦的西服，無論其中的哪幾項如何組合，都能搭配出完美的商務西服，全是屬於基本款的單品。何不試著擺脫購買時的組合，即使是以類似的單品作出稍微不同的搭配？如此一來，這份講究不但能成為掌握「出色裝扮的訣竅」，同時也會讓西裝更加耐穿。

CHAPTER

10 care

golden rule of wearing suits

保養的鐵則！

提升形象的祕技

西裝若是細心保養，就可以確實延長使用年限。將西裝外套掛在專用的寬肩衣架，西裝褲也仔細熨燙，一季送去乾洗店一次等等，保持耐用實穿＝觸感良好的訣竅其實很多。為了讓工作往來的對象留下良好的印象，西裝的保養不可或缺。

保養的失敗範例…

失敗範例 01

NG POINT_1

將西裝掛在普通衣架上

從乾洗店取回西裝的時候，通常會掛在細細的金屬製衣架或塑膠製的薄衣架上。若是一直使用這種衣架懸掛，西裝最重要的肩膀處就會有一個點負擔太重，導致墊肩的形狀崩壞。換季收納時亦然，如果直接連同塑膠套一起罩在金屬衣架上懸掛，會縮短西裝的壽命。

失敗範例 02

NG POINT_2

皺皺的襯衫

洗曬褪色又皺皺的襯衫，不只外觀看起來邋遢，也不容易留意是否有破損或污漬，這也是導致襯衫壽命縮短的原因。

NG POINT_3

領帶直接掛在衣架上

直接將領帶掛在衣架上的人很多，這樣收納，由於領帶本身的重量會造成拉長，成為導致歪斜的原因之一。

OOD!

失敗範例

03

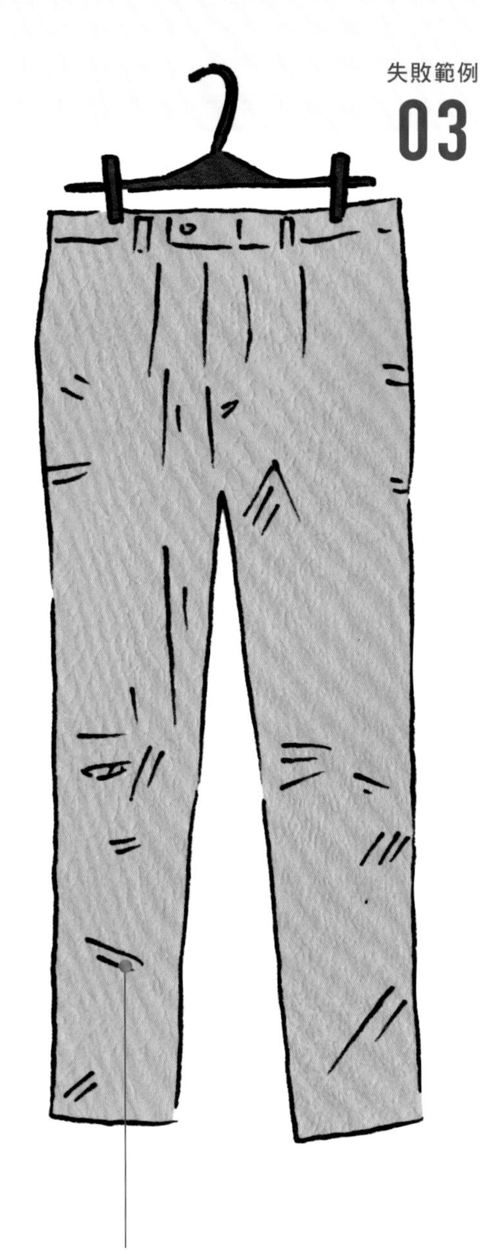

NG POINT_4

沒有燙出
褲管中線的
西裝褲

這是屬於重複穿搭之前的問題，直接穿著沒有燙出褲管中線、或中線已經消失的西裝褲，會讓男士看起來懶散。沒有整潔感的男士會確實損及印象分，而且不只是在商務場合，女性的評價也不佳。

失敗範例

04

NG POINT_5

傷痕累累
外型崩壞的鞋子

經常聽到「時尚從腳開始」的說法，但是如果日常疏於保養照料，即使是高價的鞋子也無法發揮其價值。包含後腳跟的磨損，舉凡鞋子的污漬、刮傷等保養不足的情況，事實上出人意外地顯眼。請想想，若對方是個從鞋子的印象檢視全身儀容，進而判斷個人形象……那麼你會得到什麼評價呢？

從NG範例想要學習的鐵則為……

NO G

鐵則

REGULATIONS

32

/34

不要忘記「脫下西裝後的保養」！

保養心得①

使用西裝外套專用的寬肩衣架

無論是多麼高價的西裝，若平時的保養方法出錯，不但會損壞西裝的風采，還會縮短使用壽命。因此請記住最低限度的保養和收納法，並且養成習慣。

或許不太為人所知，其實頻繁地送洗會縮短西裝的壽命。一季只送洗一次，或是限定在沾染色斑、污漬的情況再送洗吧。為了避免忘記，務必將西裝外套和西裝褲成套送洗，如果只送洗西裝外套或西裝褲，上下身的質感會產生差異，因此，避免這種狀況才是上策。

穿了一天的西裝，脫下後要立刻掛在衣架上。但是請勿掛回衣櫥裡，先掛在通風良好的地方一個晚上，讓汗水等溼氣散去。西裝外套使用的衣架，最好是肩膀部分較寬的木製款。實際上，衣架也有分尺寸，必須配合西裝外套的肩寬來選擇，這點很重要。如果掛在細細的金屬衣架上，墊肩會變形，而且很難恢復原狀。藉由寬肩衣架輕輕地撐起西裝外套，是最理想的方法。

保養心得②

將西裝褲倒掛在西裝褲專用衣架上

回到家之後，首先將褲袋裡的物品取出，再將褲頭那端朝下，接著以衣架夾住褲腳的方式倒掛。在膝彎內側等皺褶顯眼的部分輕輕噴一點水，和西裝外套一樣掛在通風良好的地方，運用西裝褲本身的重量，就可以將輕微的皺褶拉平。若是將西裝褲對摺掛在衣架上，則會產生NG的褶痕。

保養心得④

養成每天刷整的習慣

穿了一整天的西裝外套，表面會附著灰塵或是頭皮屑等。這些小東西久而久之就會黏著在衣服上，趁著髒東西尚未成為污漬前盡快處理掉吧！將西裝外套掛在衣架上，接著使用刷毛又長又柔軟的衣物刷，依序從兩肩、後領再至前側翻領，由上而下，輕輕拂過似的刷整。肩膀與縫線處的部分要仔細刷整。只需要這麼作，西裝的「使用年限」就會有明顯的變化。

保養心得③

不厭其煩地熨燙西裝褲

熨燙西裝褲的重點，在於「褲管中線消失之前，不厭其煩地勤快熨燙。」若是線條已經完全消失，最好藉由專業的手法重新燙出。

熨燙方法

1 在燙馬上攤開西裝褲，由於布料表面熨燙後會產生光澤，因此在西裝褲的內側熨燙為基本原則，亦可運用墊布。另一側的褲腳摺起備用。

2 熨斗放在褲管中線上燙壓，從褲腳往褲檔一點一點地移動。這個時候不要長距離地滑動熨斗，是燙出筆直線條的訣竅。

鐵則

REGULATIONS

33

/34

襯衫的熨燙原則，以容易看見的部分為主！

熨燙的步驟

3 領子

2 袖子

5 前身片 5

1 袖口

袖口、領子、前身片，這些地方即使穿上西裝外套也看得到，因此，請確實地熨燙。

FRONT

襯衫熨燙流程解說！

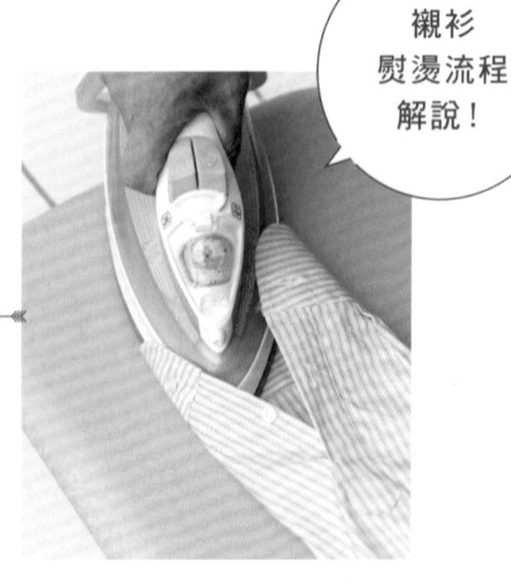

1 首先，從袖口開始。熨斗放在內側一端，沿著捲起成筒狀的袖口，緩緩地橫向滑動，自然地燙完袖口一圈。

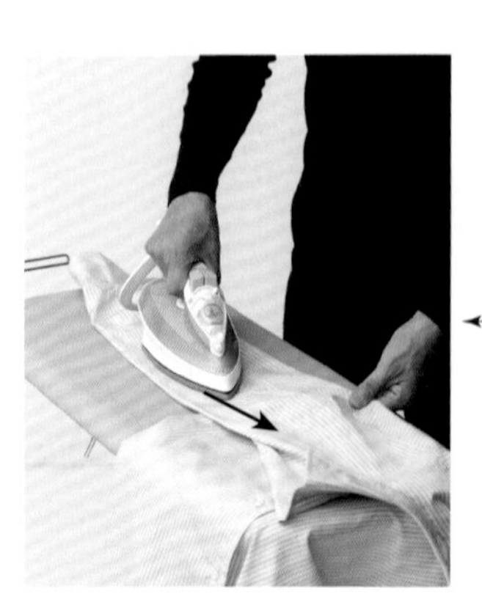

2 袖山（袖口開口的另一面）不燙出褶痕是森岡流的作法。熨斗往肩膀滑動，平均地將皺褶燙平。

從乾洗店取回之後，漿得平整筆挺的襯衫，也不一定就是最好的狀態。雖然要每天花費時間熨燙，但是「森岡流的熨燙法」，是只以醒目部分為主的燙衣方法。可以最少的步驟，燙整出自然的感覺。

3 熨斗從領子前端往中央滑動，以另一手拉平另一端，就能簡單燙平。另一側也以相同的方法完成。

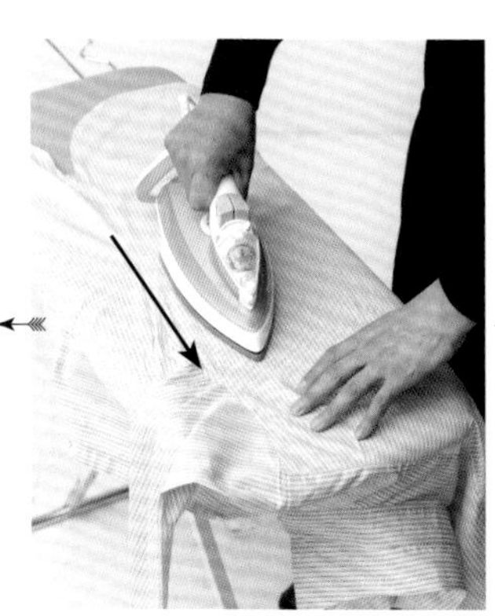

4 後身片分成左右兩半，從下襬往領子一口氣滑動熨斗。因為這個部分是不顯眼的位置，快速熨燙即可。

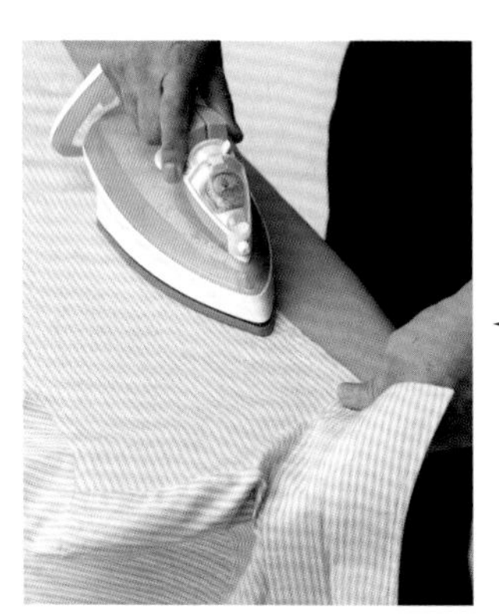

5 沒有縫上鈕釦的左前身片，正面朝上確實地熨燙。縫上鈕釦的右前身片，則是背面朝上比較方便熨燙。

鐵則

REGULATIONS

34

/34

鞋子的保養從鞋撐開始！

維持鞋子光亮如新的保養祕方，就是幾雙鞋替換穿著。此外，在購買鞋子的同時，也一起購入尺寸合適的鞋撐（鞋楦），以便防止鞋型崩壞。特別推薦可以去除濕氣的木製鞋撐。

穿了一天的皮鞋，脫下後馬上放入鞋撐，以除塵刷輕輕刷去表面的灰塵。請將上述小動作養成每日習慣吧！接著，以每兩週一次的頻率，使用去污劑清潔髒污。可以的話，每個月以鞋油仔細保養一次。乳化性的鞋油可以補給皮革的水分和油分。液狀的簡易鞋油透氣性不佳，會導致皮革產生裂紋，除了緊急狀況以外請避免使用。

首先，準備好這些保養用品吧！

乳化性鞋油

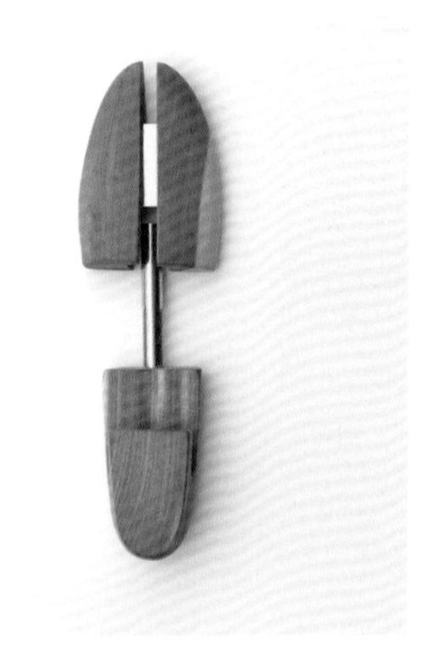

木製鞋撐

除塵刷（右）&
沾取鞋油的鞋刷（左）

去污劑

皮鞋保養步驟解說！

1 放入鞋撐，若是稍微帶點重量的，作業時會更方便。

2 以柔軟的馬毛刷具之類，在表面整體輕輕刷過，去除灰塵等髒污。較長的側邊要小心刷過，鞋面的橫向褶痕和鞋緣，需要特別仔細地刷整。

3 以柔軟的布包住食指，沾取少量的去污劑，以畫圓的方式擦過鞋子整體，拭去污漬。

4 另取一塊布沾取鞋油，少量地塗上薄薄一層。若一次使用太多鞋油，可能會弄得黏答答或反而成為鞋子損傷的原因，請一點一點少量使用為佳。

5 以縫合處為起點，鞋緣、鞋面等的橫向皺褶等，要特別仔細處理。

6 趁著鞋油尚未乾燥時，以稍硬的豬毛刷迅速刷整。讓鞋油滲透進皮革裡，形成水潤光亮的質感。亦可使用其他軟布或舊長筒襪等，如打蠟般輕輕擦拭。

※鞋緣……鞋底和鞋身接縫處。

國家圖書館出版品預行編目資料

西裝的鐵則：成功&有型,從穿對西裝開始！/森岡弘著；簡子傑譯. -- 二版. -- 新北市：雅書堂文化事業有限公司, 2022.09
面； 公分. -- (創富職人；1)
ISBN 978-986-302-638-9 (平裝)

1.CST: 男裝 2.CST: 衣飾

423.35 111013797

創富職人 01

西裝的鐵則

成功&有型，從穿對西裝開始！

作　　者／森岡 弘
譯　　者／簡子傑
發 行 人／詹慶和
執行編輯／蔡毓玲
編　　輯／劉蕙寧・黃璟安・陳姿伶
執行美術／陳麗娜
美術編輯／周盈汝・韓欣恬
出 版 者／雅書堂文化事業有限公司
發 行 者／雅書堂文化事業有限公司

郵政劃撥帳號／19452608
戶名／悅智文化事業有限公司
地址／新北市板橋區板新路206號3樓
電子信箱／elegant.books@msa.hinet.net
電話／(02)8952-4078
傳真／(02)8952-4084

2022年9月二版一刷　2017年6月初版　定價 380元

經銷／易可數位行銷股份有限公司
地址／新北市新店區寶橋路235巷6弄3號5樓
電話／（02）8911-0825
傳真／（02）8911-0801

＊日文版Staff
美術指導：北田進吾（北田設計）
設　　計：北田進吾、堀由佳里
攝　　影：栗林成城
插　　畫：越井隆
編　　輯：阿川峰哉（NHK出版）、岩神カオル
編輯協力：伊藤友希子、丸山秀子
攝影協力：今野千賀子
協　　力：NHK Planet 近畿總支社

服裝協力
● Aquascutum、D'URBAN、KENT AND CURWEN／RENOWN PRESS PORT
● NEWYORKER／（株）NEWYORKER
● FRANCO PRINZIVALLI、Paul Stuart／SANYO SHOKAI
● HERGOPOCH／kiyomoto NC事業部
● SADDLER'S／BIND PR
● 三陽山長／三陽山長 銀座店
● ERRICO FORMICOLA、PT01、INCOTEX、Equipage、SHIPS、SADDLER'S／SHIPS銀座店
● G.Inglese、Atkinsons、Brilla per il gusto、LUIGI BORRELLI、MARIA SANTANGELO、BEAMS F、GTA、ENZO BONAFE、FRANCO BASSI、HOLLIDAY&BROWN、William、MELINDA GLOSS、／BEAMS 銀座店
● Trading Post／Trading Post青山本店

golden rule of wearing suits

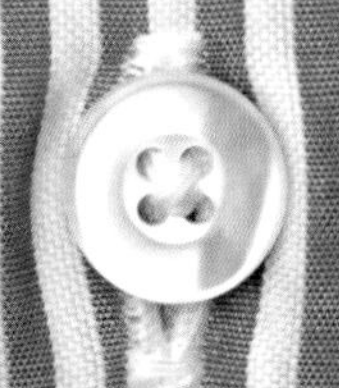

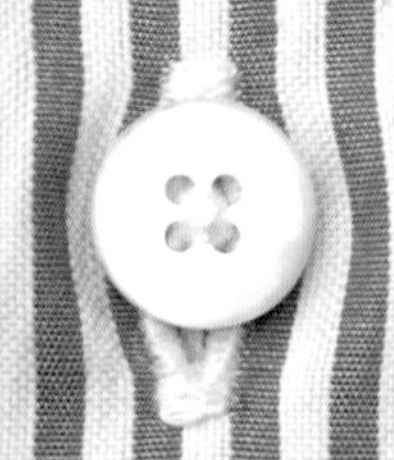

golden rule of wearing suits

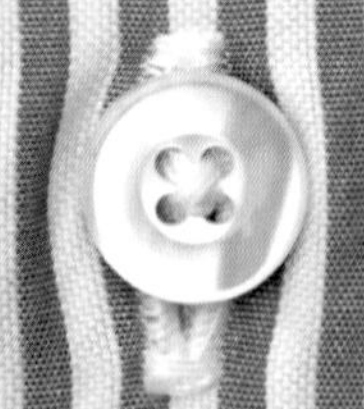

golden rule of wearing suits

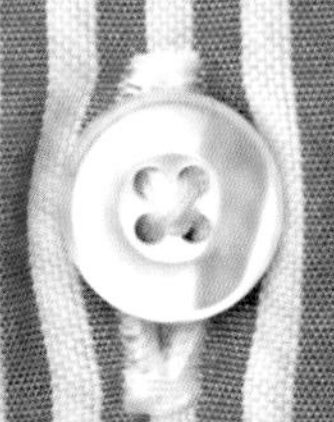

golden rule of wearing suits

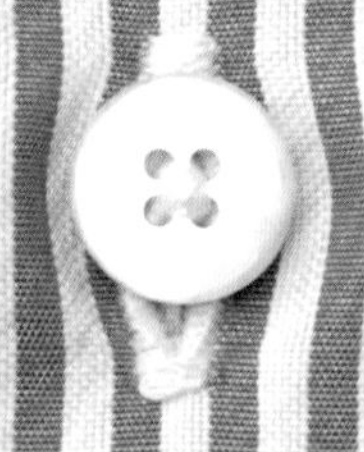

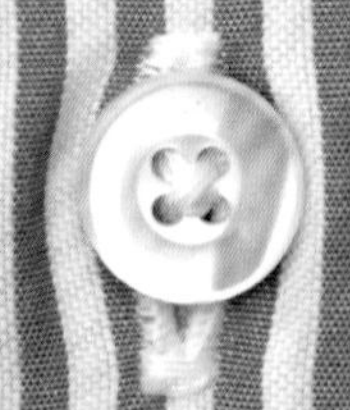